Ranjana U. K. Piyadasa

Impacto da qualidade da água no desenvolvimento dos meios de subsistência da comunidade

Ranjana U. K. Piyadasa

Impacto da qualidade da água no desenvolvimento dos meios de subsistência da comunidade

ScienciaScripts

Cover image: www.ingimage.com

This book is a translation from the original published under ISBN 978-620-2-04996-2.

Publisher:
Sciencia Scripts
is a trademark of
Dodo Books Indian Ocean Ltd. and OmniScriptum S.R.L publishing group

120 High Road, East Finchley, London, N2 9ED, United Kingdom
Str. Armeneasca 28/1, office 1, Chisinau MD-2012, Republic of Moldova, Europe
Printed at: see last page
ISBN: 978-620-8-21665-8

Índice de conteúdo

Capítulo 1

Introdução

O Sri Lanka é dotado de ricos recursos hídricos provenientes das terras altas centrais que recebem chuva durante as monções. A precipitação média anual varia entre 900 mm e 6000 mm, com uma média em toda a ilha de cerca de 1 900 mm, o que é cerca de duas vezes e meia mais do que a média anual mundial de 750 mm. As águas de superfície são transportadas radialmente a partir das colinas centrais através de 103 bacias hidrográficas distintas que cobrem 90% da ilha. Os sistemas de água doce, tais como lagos, rios e ribeiras, são importantes para os seres humanos como recurso para a saúde pública e para a obtenção de água potável para uso doméstico, industrial e agrícola. São também importantes como ambientes vivos para a ecologia de muitas espécies de animais e plantas que os habitam (Connell 1993).

A sub-bacia hidrográfica de Maha Oya do sistema fluvial de Maha Oya é muito importante, uma vez que é o principal fornecedor direto de água potável, agrícola, de irrigação e de energia hidroelétrica, especialmente para as populações das colinas centrais. O rio Maha Oya tem 132 km de comprimento e a precipitação anual na zona do vale do Maha Oya é de cerca de 2300 mm. No entanto, o Maha Oya está ameaçado pela poluição ambiental. Durante as duas últimas décadas, a urbanização e a industrialização afectaram negativamente o sistema do rio Maha Oya. A contínua degradação da qualidade da água e a alteração da morfologia do rio pela erosão criaram um ambiente stressante para os 1,2 milhões de pessoas que vivem junto ao rio (Abeywickrama, 2002).

Os rios constituem frequentemente o principal elo de ligação entre ecossistemas em interação. A poluição da água tem dois aspectos. O impacto humano nos sistemas aquáticos, como rios, zonas húmidas, reservatórios e águas subterrâneas. Os efeitos indirectos são causados pela utilização dos solos nas zonas de captação, como a desflorestação, as plantações e os aglomerados humanos.

A disponibilidade de quantidades adequadas de água potável com uma qualidade aceitável é uma necessidade básica e a garantia de um abastecimento sustentável e a longo prazo de água potável é uma preocupação nacional e internacional. As águas subterrâneas representam uma importante fonte de água potável e a sua qualidade está atualmente ameaçada pela combinação de captação excessiva e de produtos químicos (incluindo nitratos e pesticidas) e pela contaminação microbiológica devido a uma gestão sanitária deficiente. Os recursos de água subterrânea no Sri Lanka são limitados, uma vez que 90% da paisagem está coberta por formações rochosas metamórficas pré-cambrianas cristalinas de fraco rendimento (Cooray, 1984).

O intenso desenvolvimento agrícola e urbano tem colocado uma elevada procura de recursos de água subterrânea em áreas urbanas em todo o mundo e também tem colocado estes recursos em maior risco de contaminação (Laluraj., Gopinath., Dineshkumar., 2005). O risco de contaminação das águas subterrâneas é influenciado por dois factores: (1) as propriedades intrínsecas do ambiente hidrogeológico, principalmente factores que influenciam o transporte e a estabilidade dos contaminantes derivados da superfície terrestre; e (2) a carga contaminante, principalmente de fontes antropogénicas. Em muitos casos, as zonas urbanas têm tanto as propriedades intrínsecas como a carga de contaminantes que resultam num elevado risco de contaminação das águas subterrâneas.

O objetivo deste estudo foi avaliar a distribuição e a poluição da água devido a diferentes actividades humanas na bacia hidrográfica superior do rio Maha, no distrito de Kegalle.

Objectivos do estudo

> Identificar o regime hídrico e as condições hidro-geológicas que influenciam a recarga, o armazenamento e a extração de água subterrânea;

> Estudar as alterações de qualidade das águas superficiais e subterrâneas utilizando parâmetros normalizados para a água potável, para uso doméstico e para uso agrícola; e

> Estudar o desenvolvimento da comunidade através de experiências de gestão da água.

O Maha Oya começa a drenar do distrito de Kandy em torno da divisão Gana Ihal Korale AGA e da divisão Aranayaka AGA no distrito de Kegalla. Foram identificados vinte e dois locais ao longo do ribeiro e de outros afluentes para a recolha de amostras de água no rio. Alguns pontos identificados situam-se em torno da montanha Raksbawa em Paragalla. Outros situam-se nas divisões de Udahenthanna, Uduwella, Miyanagolla e Alugolla G.N., como se segue

Raksbawa	- 08	Udahenthanna - 08
Uduwella	- 02	Miyanagolla- 03
Alugolla	- 01	

Na divisão Aranayaka AGA foram identificados 34 locais para monitorizar a qualidade da água, incluindo as divisões Rahala, Arama, Deyyanwela, Podape, Salawa (leste e oeste), Hakurugammana e Randiligama G.N. Os poços foram marcados de 1 a 34 e as suas localizações são indicadas a seguir

Rahala	- 07	Arama- 10
Deyyanwela	- 05	Podape- 04
Salawa	- 04 (Leste 01, Oeste 03)	Hakurugammana - 14
Randiligama	- 13	

Há uma necessidade urgente de compreender melhor a situação atual e o processo que influencia a qualidade das águas subterrâneas, para que os investigadores possam utilizar métodos de investigação melhorados que combinem a hidrologia, a ciência do solo e a química com a modelização por simulação.

Capítulo 2

Área de estudo e metodologia

2.1. Área de estudo

O rio Ma Oya nasce na região montanhosa central e corre para o Oceano Índico através do noroeste do Sri Lanka. O rio drena uma bacia hidrográfica de 1528 km^2 ao longo do seu comprimento total de 130 km. A precipitação média anual da bacia do Ma Oya é de 2219 mm. A baixa precipitação ocorre nos meses de janeiro, fevereiro, junho, julho e agosto. O uso do solo da bacia hidrográfica é caracterizado principalmente por culturas de arroz, borracha e côco.

Figura 2.1: Localização relativa e absoluta da área de Maha Oya

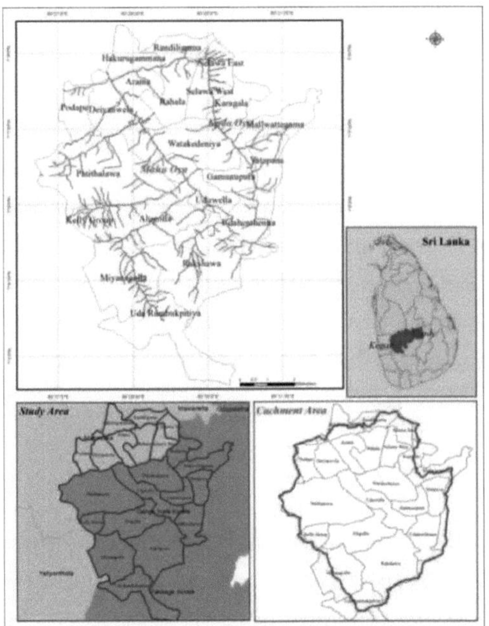

Fonte: Autor utilizando dados do Department of surveys and mapping - 2001 Geographical Information System

A bacia hidrográfica de Maha Oya está situada entre 80° 26'- 80° 32' a leste de longitude e 7° 2' 30" - 7° 9' 30" de latitude norte (Figura 2.1). A área de estudo insere-se nos distritos de Kegalla e Kandy das províncias de Sabaragamuwa e Central. Situa-se em Aranayaka e na Divisão DS de Ganga Ihala.

2.1.1. Topologia da zona de estudo

O Maha Oya está localizado no interior montanhoso e densamente florestado da ilha. A bacia hidrográfica situa-se entre a montanha Rakshawa e está a 570 m acima do nível do mar (Figura 2.2).

Figura 2.2 : Mapa topológico - bacia hidrográfica superior de Maha oya

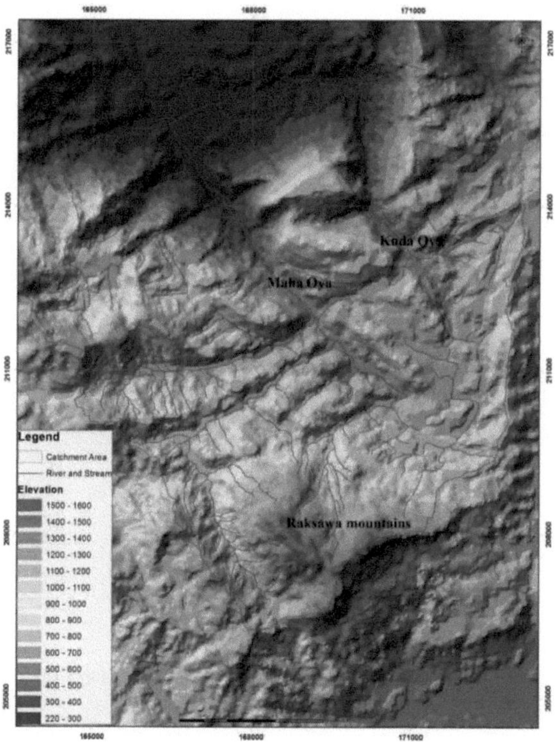

Fonte: Autor utilizando dados do Department of surveys and mapping - 2001 Geographical Information System

2.1.2 Distribuição da população na área de influência

A população da área era de 29.790 em 2011, com a população mais elevada nas divisões GN de Rakshawa (2.369) e Mallwattagama (2.318). A população mais baixa encontrava-se na divisão GN de Kelly Group (Figura 2.3).

Figura 2.3: Distribuição da população - ano 2011

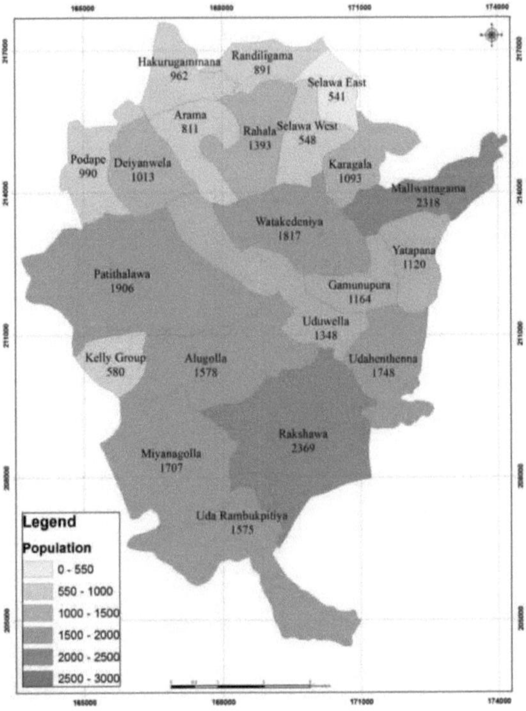

Fonte: Autor utilizando dados do Department of surveys and mapping - 2001 Geographical Information System

2.1.3. Criação de um modelo digital de elevação

Utilizando o software ArcGIS, as previsões sobre o comportamento da bacia hidrográfica podem ser feitas facilmente. O objetivo da análise GIS é determinar os dados topográficos de entrada para a análise hidrológica.

Os dados incluem a área da bacia hidrográfica de Maha Oya e da sub-bacia hidrográfica correspondente, o percurso mais longo do caudal para cada sub-bacia hidrográfica, o declive do ribeiro (percurso mais longo do caudal) em cada sub-bacia hidrográfica e a utilização do solo em cada sub-bacia hidrográfica. Além disso, para uma melhor compreensão das caraterísticas, o modelo SIG foi visualizado por meio de mapas. Para a análise, foram utilizadas as coordenadas x, y e z e as curvas de nível com as elevações. Estes dados são utilizados para o SIG e para a análise hidrológica, uma vez que permitem uma melhor resolução e modelação.

2.2. Metodologia

A investigação centra-se na água, no saneamento e nos padrões de vida da bacia hidrográfica superior de Maha Oya. Foram estudados poços domésticos, nascentes de água, água do rio e projectos comunitários de abastecimento de água na zona.

Os métodos de recolha de dados primários são apresentados em anexo.

1. Teste de amostras de água
2. Inquérito por questionário
3. Discussões abertas

Como dados secundários, foram recolhidas as seguintes informações.

1. Distribuição da população - Departamento de População e Estatística
2. Distribuição de medicamentos contra doenças transmitidas pela água - Gabinete do Ministério da Saúde (Aranayaka)

2.2.1. Análise de dados

Para a análise dos dados, foram utilizados os softwares Arc GIS, IIWIS e EXECL. O processo de análise e visualização dos dados é apresentado na figura 2.4.

2.2.2. Demarcação da zona de captação

Foram utilizadas folhas de contorno 1:50.000 para identificar os limites da bacia hidrográfica. A ferramenta de processamento ILWIS DEM Hydro foi utilizada para os processos de demarcação de bacias hidrográficas. Os fluxogramas seguintes descrevem o processo e as ferramentas de demarcação da bacia hidrográfica.

Figura 2.4: Processo de tratamento de dados espaciais e não espaciais

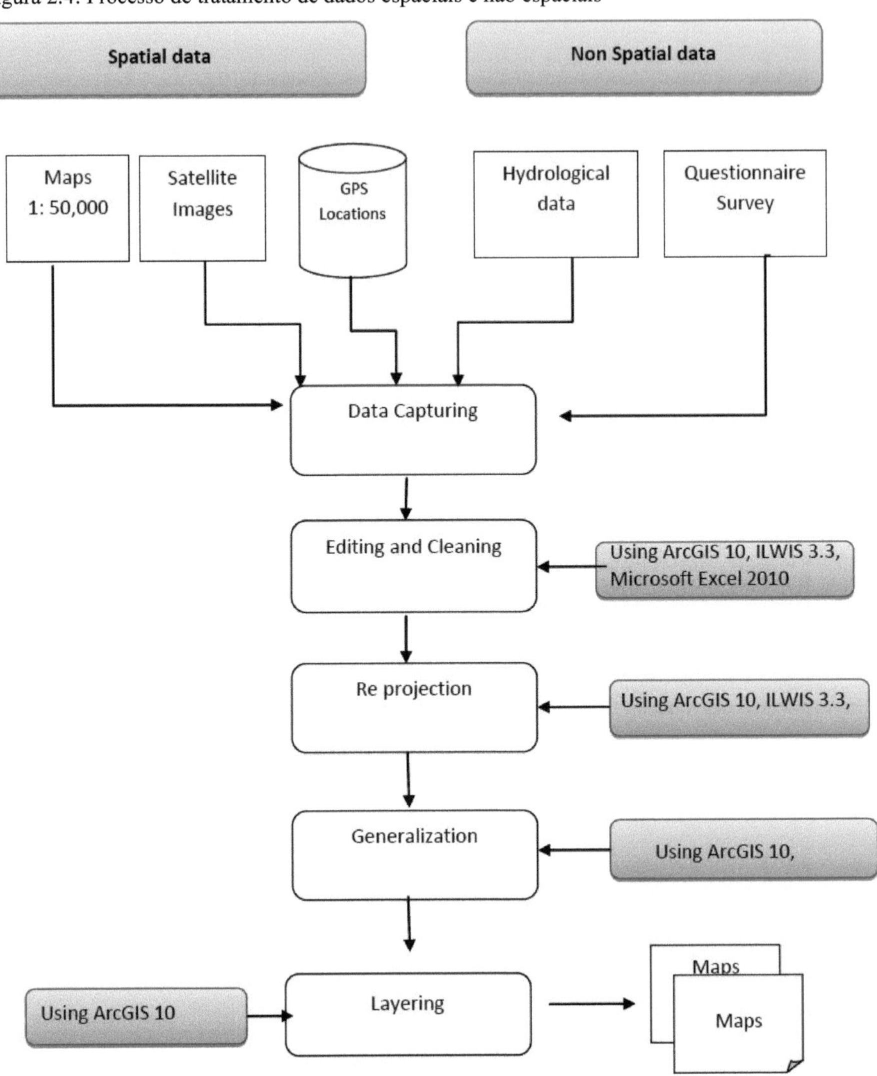

Fonte: Autor 2013

Figura 2.5: Processo de processamento do DEM Hydro

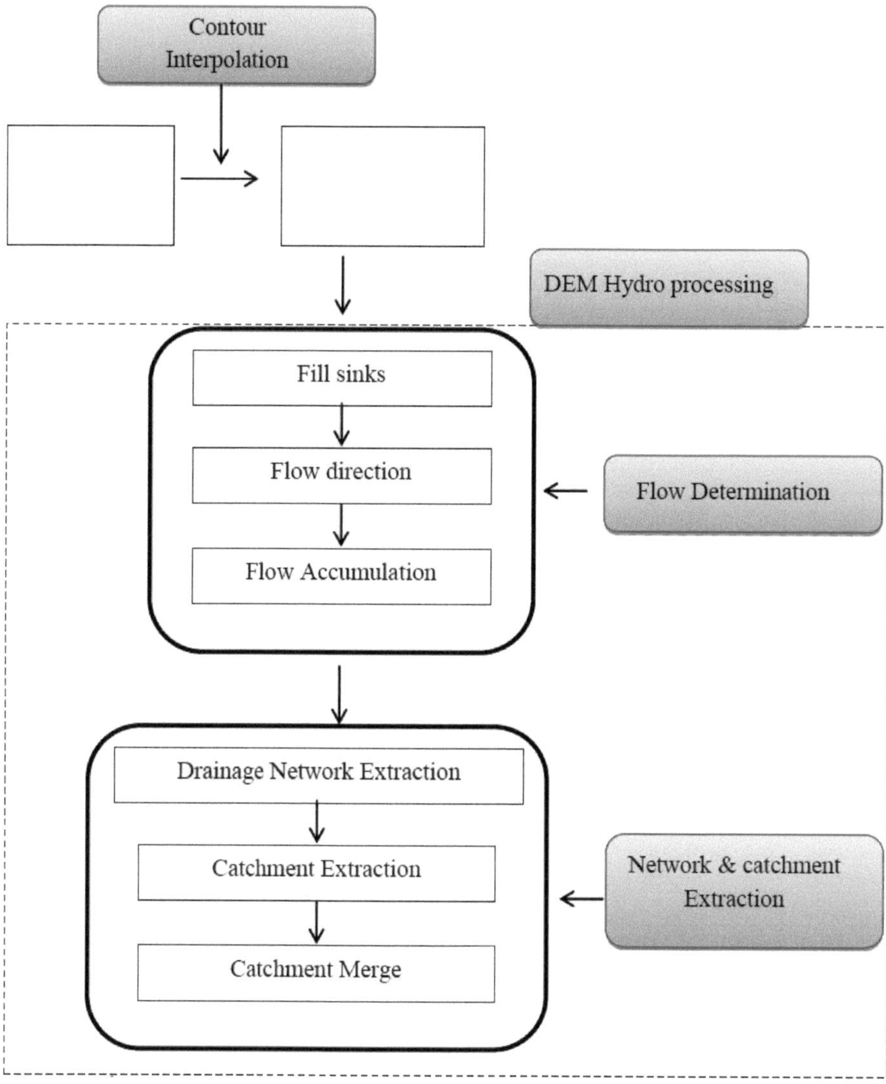

Fonte: autor, 2013

Os métodos acima referidos foram também utilizados para estudar a bacia hidrográfica superior e um dos principais afluentes do Maha Oya, o Kuda Oya.

2.3. Teste de amostra de água

Os poços domésticos foram selecionados de acordo com uma grelha de 800 x 800 na área de estudo acima mencionada. A amostragem das águas superficiais foi efectuada a uma distância de 2 km de Maha Oya e dos afluentes. A condutividade eléctrica e o pH foram medidos durante cinco meses, no mesmo dia de cada mês. Os dados recolhidos foram analisados pelo Sistema de Informação Geográfica (SIG). A Figura 2.6 mostra o processo seguido na análise das amostras de água. O ArcGIS 10 e o Microsoft Excel foram utilizados para a análise destes dados, mostrados na Figura 2.7.

Figura 2.6: Identificação da localização da amostra utilizando GPS e GIS

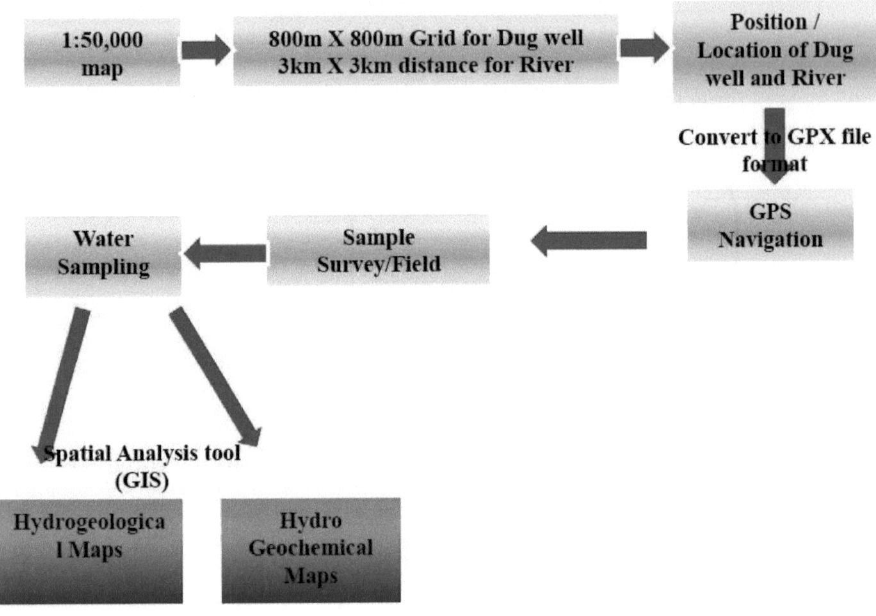

Fonte: Autor, 2013

2.4. Inquérito por questionário

A informação sobre a água e a sua utilização, a educação, a saúde e o saneamento foi recolhida na área de estudo após uma amostragem por grupos com base num questionário (Anexo 1). Além disso, os dados físicos (Anexo 2) dos poços escavados utilizados como pontos de amostragem foram recolhidos juntamente com o inquérito por questionário. Os gráficos, mapas e tabelas representam os dados que foram recolhidos pelos métodos acima referidos.

Capítulo 3

Bacia hidrográfica (DEM Hydro processing)

Uma bacia hidrográfica é a área de terra onde toda a água que está debaixo dela ou que é drenada vai para o mesmo sítio. John Wesley Powell, cientista geógrafo, definiu-o melhor quando disse que uma bacia hidrográfica é:

"a área de terra, um sistema hidrológico delimitado, dentro do qual todos os seres vivos estão inextricavelmente ligados pelo seu curso de água comum e onde, à medida que os humanos se estabeleceram, a lógica simples exigiu que se tornassem parte de uma comunidade".

(http://water.epa. gov/)

Uma bacia de drenagem ou bacia hidrográfica é uma extensão ou uma área de terra onde as águas superficiais da chuva e da neve ou gelo derretido convergem para um único ponto a uma altitude mais baixa, geralmente a saída da bacia, onde as águas se juntam a outro corpo de água, como um rio, lago, reservatório, zona húmida, mar ou oceano (Figura 3.1). Outros termos utilizados para descrever uma bacia de drenagem são bacia hidrográfica, área de captação, bacia de captação, área de drenagem, bacia hidrográfica e bacia hidrográfica, etc.

Figura 3.1: Barreira de água

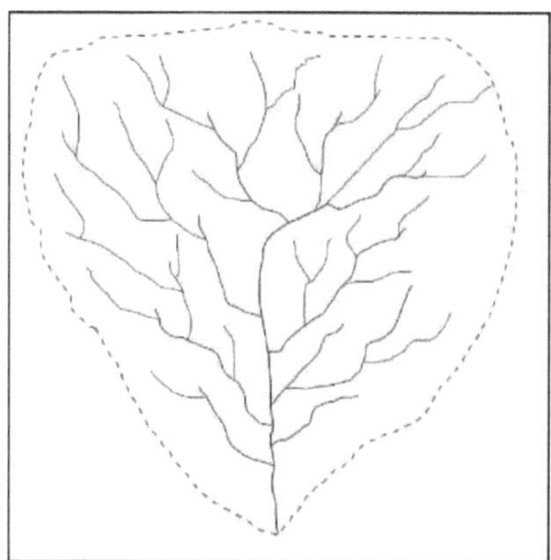

Fonte: Elaborado pelo autor com base em dados de
http: //en.wikipedia.org/wiki/File: Hydrographic basin.svg

A bacia de drenagem é uma unidade lógica de foco para o estudo do movimento da água num ciclo hidrológico porque a maioria da água que descarrega da saída da bacia teve origem na precipitação que caiu na bacia. Uma parte da água que entra no sistema de águas subterrâneas sob a bacia de drenagem pode fluir para a saída de outra bacia de drenagem porque as direcções de fluxo das águas subterrâneas nem sempre coincidem com as da rede de drenagem sobrejacente. A medição da descarga de água de uma bacia pode ser efectuada por um medidor de caudal localizado na saída da bacia. As bacias de drenagem são elementos importantes a considerar também em ecologia. À medida que a água corre sobre o solo e ao longo dos rios, pode apanhar nutrientes, sedimentos e poluentes. Com a água, estes são transportados para a saída da bacia e podem afetar os processos ecológicos ao longo do percurso, bem como na fonte de água recetora. A utilização moderna de fertilizantes artificiais contendo azoto, fósforo e potássio afectou a foz das bacias hidrográficas.

3.1. Modelo Digital de Elevação para identificação da bacia hidrográfica

Foram utilizadas curvas de nível 1:50000 para criar a TIN. A partir do ficheiro de forma é gerada uma Rede Irregular Triangular (TIN) no ArcMap (Figura 3.2). A TIN é uma representação do ficheiro de pontos vectoriais 3D. Através da criação de uma rede de triângulos entre os valores z, as células fora da bacia hidrográfica foram incluídas na etapa seguinte, em que o ficheiro TIN é convertido num ficheiro raster (Modelo Digital de Elevação, DEM), como um DEM

Figura 3.1 : Representação TIN da bacia hidrográfica de Maha oya.

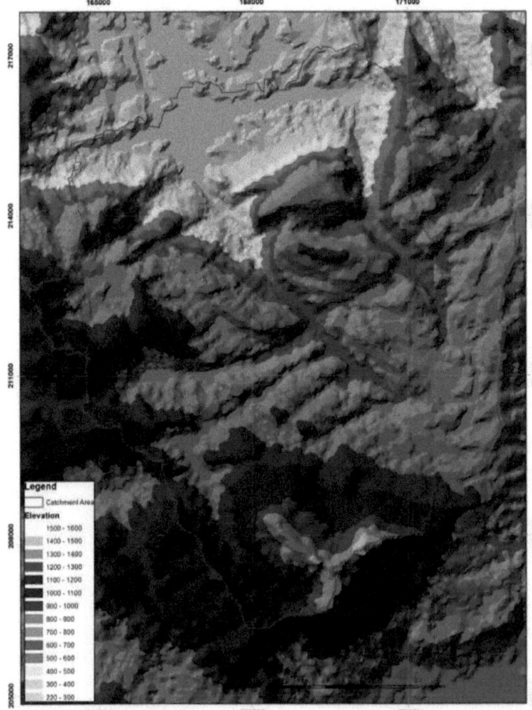

Fonte: Elaborado pelo autor com base nos dados do Departamento de Censos e Estatística - 2013 / Sistema de Informação Geográfica

representa a superfície do terreno da bacia hidrográfica e permite obter informações geográficas (Figura 3.3, 3.4, 3.5). Não foram atribuídos quaisquer valores às células fora da bacia hidrográfica. Com base no DEM, são efectuadas várias funções hidrológicas do Arc Hydro Tools.

Figura 3.2: Modelo Digital de Elevação na bacia hidrográfica superior de Maha oya.

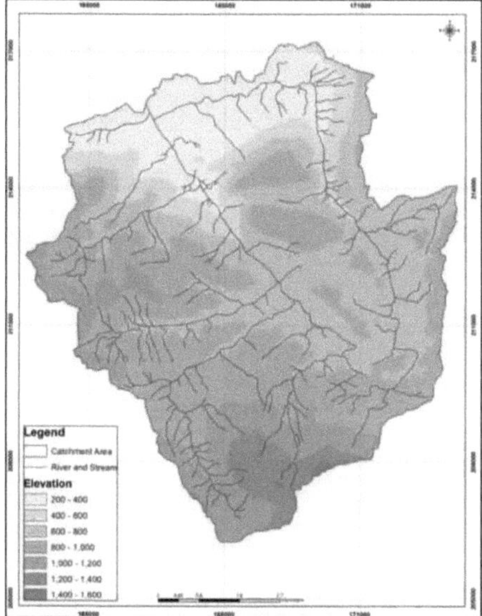

Fonte: Elaborado pelo autor com base em dados do Department of surveys and mapping Geographical Information System

Vista tridimensional da zona de captação

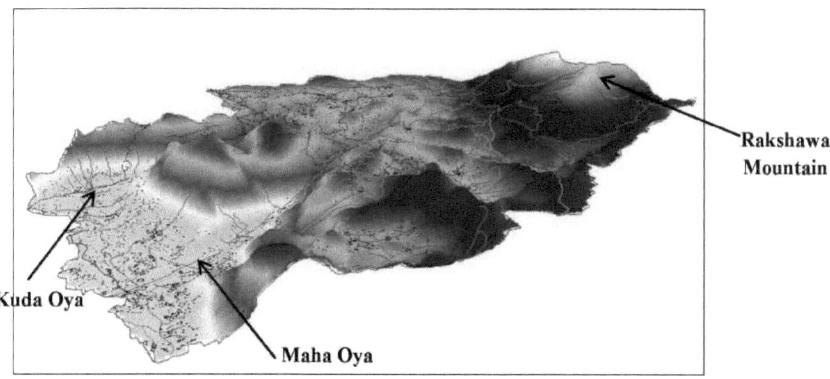

Fonte: Elaborado pelo autor com base em dados do Department of surveys and mapping Geographical Information System

Figura 3. 4: Vista frontal da zona

Fonte: O autor utiliza dados do Department of surveys and mapping Geographical Information System

Figura 3.5: Acumulação de caudais

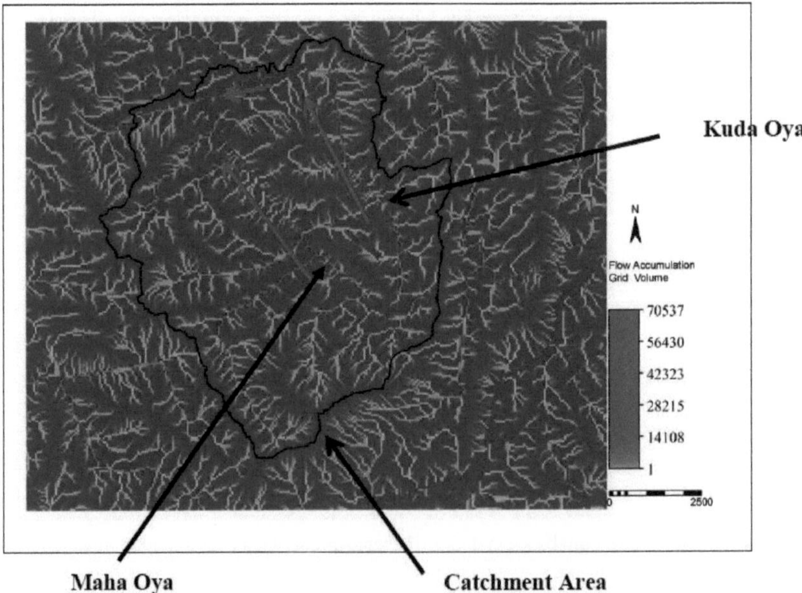

Fonte: Fonte: O autor utiliza dados do Departamento de Levantamentos e Cartografia do Sistema de Informação Geográfica, com base na acumulação de caudal e na direção do caudal para identificar as sub-bacias hidrográficas (Figura 3.6)

Figura 3.6: Sub-bacia hidrográfica - Bacia superior de Maha Oya

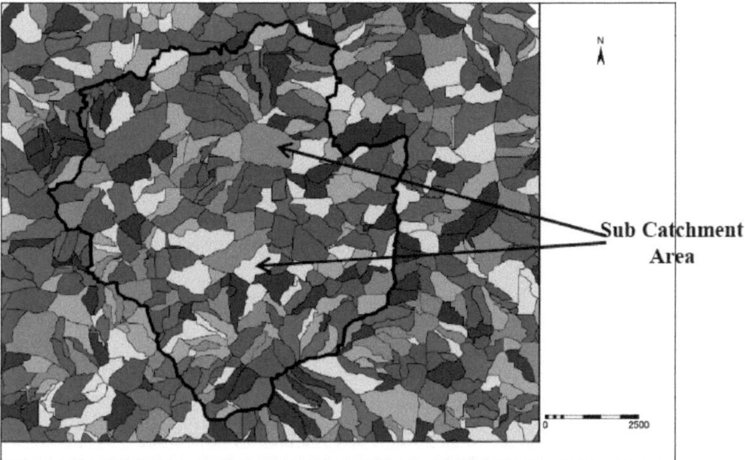

Fonte: Elaborado pelo autor com base em dados do Department of surveys and mapping Geographical Information System

Por último, utilizar a operação de fusão de bacias hidrográficas. A operação "Catchment merge" permite fundir sub-bacias adjacentes. Além disso, permite finalmente delimitar a zona de captação superior (Figura 3.7)

Figura 3.7: Área de influência

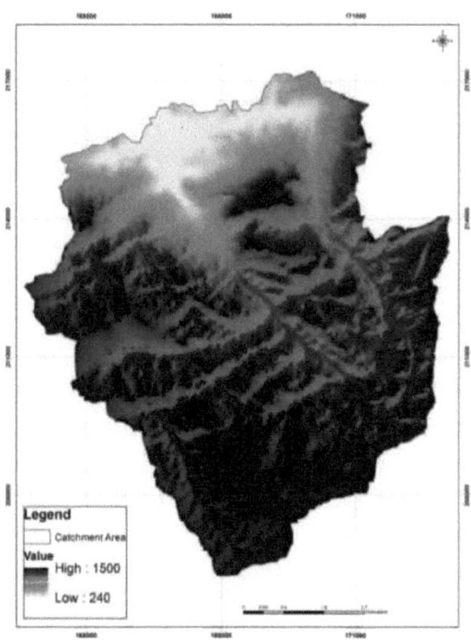

Fonte: Elaborado pelo autor com base em dados do Department of surveys and mapping Geographical Information System

Capítulo 4

Situação socioeconómica na bacia hidrográfica

4.1. Distribuição da população

A investigação foi efectuada nos distritos de Kegalle e Gampola, onde as áreas de estudo se situam nas divisões do Secretariado Distrital (DSD) de Aranayaka e Ganga Ihala Korale. Para recolher amostras de água, foram identificados 34 poços nas zonas de Aranayaka e Ganga Ihala korale. Os poços estão numerados de 1 a 34. As divisões Grama Niladhari utilizadas para a amostragem são indicadas a seguir.

Rahala

Deyyanwela

Salawa - (Este e Oeste)

Randiligama

Arama

Podape

Hakurugammana

Além disso, no Ganga Ihala Korale foram identificados pontos de amostragem ao longo do riacho, de outros afluentes e de poços escavados selecionados. Alguns pontos identificados situam-se em torno da montanha Raksbawa em Paragalla. As seguintes Divisões Grama Niladhari (GND) são as áreas utilizadas para a amostragem.

Karagala

Yatapana

Udawella

Patitalawa

Allugolla

Miyanagolla

Udaramukpitiya

Malwatthagama

Watakedeniya

Gamunupura

Grupo Kelly

Udahenthanna

Rakshawa

A população total da divisão DS de Aranayaka é de 7149 habitantes e a de Ganga Ihala Korale é de 20323 habitantes. Rahala é a principal divisão da GN com a população mais elevada. A população mais baixa é a de Salawa East, com uma população total de 541 pessoas, 258 do sexo masculino e 253 do sexo feminino. (Gráfico 4.1)

Em Ganga Ihala korale, que pertence à bacia hidrográfica superior, a divisão Rakshawa GN tem a população mais elevada, com 1119 homens e 1250 mulheres. 282 homens e 288 mulheres vivem no Grupo Kelly, que tem a população mais baixa. (Gráfico 4.2)

Gráfico 4.1: Variação da população na divisão DS de Aranayaka - 2013

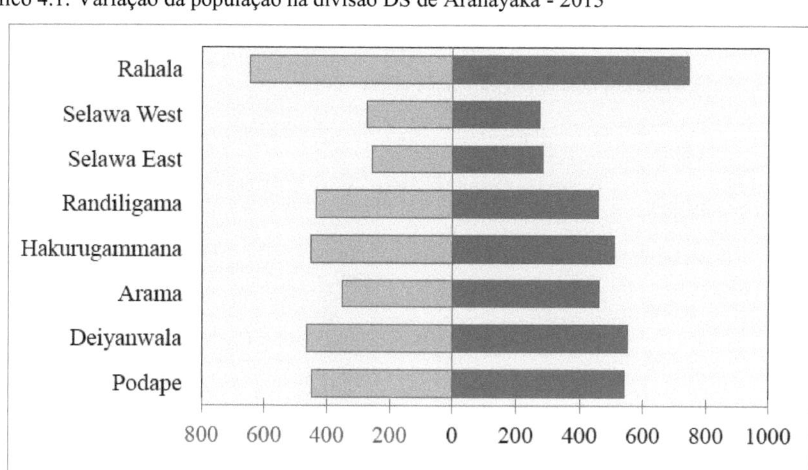

Fonte: Departamento de Censos e Estatísticas, 2013.

Gráfico 4.2: Variação da população na divisão DS de Ganga Ihala Korale - 2013

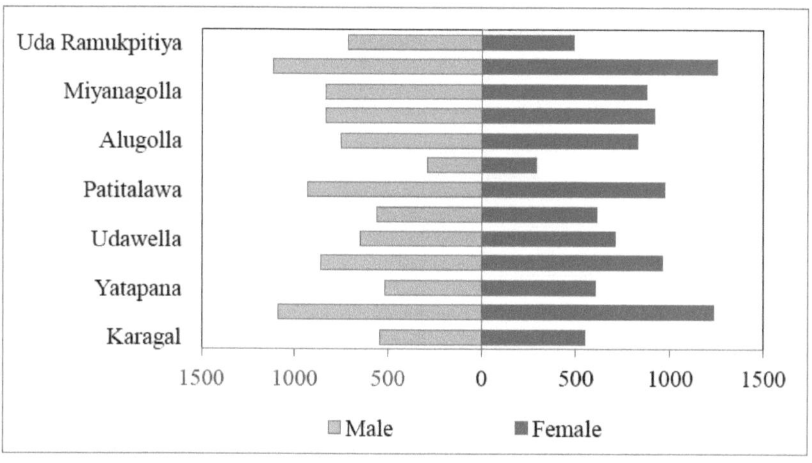

Fonte: Departamento de Censos e Estatísticas, 2013.

Verifica-se que a população feminina é superior à masculina tanto na zona de captação inferior como na superior, com exceção de Udaramukpitiya, na zona de captação superior, que tem uma população masculina superior.

Se considerarmos a idade, a zona superior tem uma população maior do que a zona inferior em todas as categorias etárias (>15, 16-59, 60<) (Gráfico 4.3). Na categoria etária 16 - 59 anos, a população da zona superior é o triplo da população da zona inferior. Nas categorias >15 e 60<, a população é o dobro. A categoria etária 16 - 59 anos é a mais populosa em ambas as zonas de captação. Na zona inferior, as categorias > 15 e 60 < são menos numerosas, mas na zona superior são mais numerosas.

Gráfico 4.3: Variação da população por categoria etária - 2013

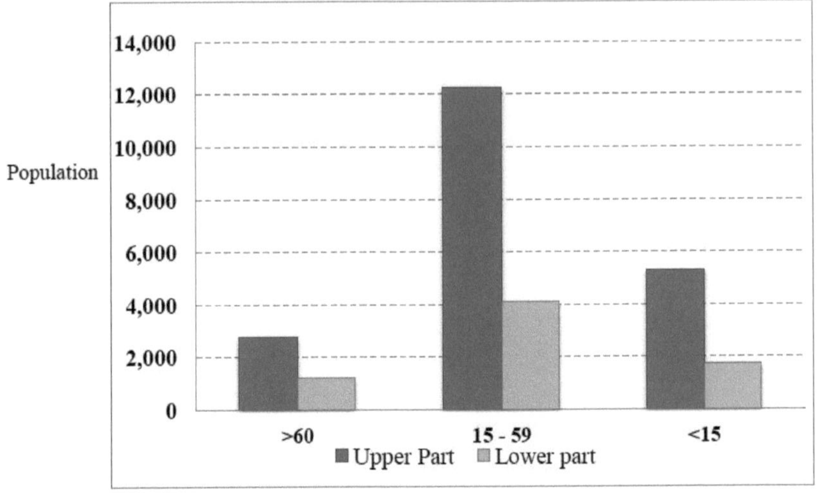

Fonte: Departamento de Censos e Estatísticas, 2013.

4.2. Educação

Era importante estudar a literacia dos residentes em ambas as áreas de captação porque a utilização de instalações sanitárias e de saneamento depende do nível educacional e dos conhecimentos gerais das pessoas.

A capacidade de leitura, escrita e compreensão dos residentes foi investigada para o estudo. As taxas de literacia eram mais elevadas na zona de influência inferior do que na zona de influência superior. As habilitações literárias dos homens e das mulheres são mais satisfatórias na parte inferior da área de estudo do que na parte superior.

Na área superior, os indivíduos do sexo feminino conseguiram ler melhor do que os do sexo masculino. Nas taxas insatisfatórias, foi o contrário. No entanto, na parte inferior, os homens foram mais avançados do que as mulheres na categoria altamente satisfatória. No que diz respeito à capacidade de compreensão, tanto na categoria satisfatória como na insatisfatória, o sexo feminino lidera na área superior. Na área inferior, a média das taxas de compreensão das mulheres foi superior à dos homens. Existe uma ligeira diferença entre as taxas de capacidade de escrita nas categorias masculina e feminina. As taxas de satisfação elevada na área superior foram de cerca de 9 e na área inferior de 20. (Quadro 4.1 e 4.2)

Tabela 4.1: Grau de instrução dos homens

Nível de satisfação	Capacidade de leitura (Masculino)		Capacidade de compreensão (Homem)		Capacidade de escrever (Masculino)	
	Parte inferior	Parte superior	Parte inferior	Parte superior	Parte inferior	Parte superior
Altamente satisfatório	13.73	21.84	11.76	21.84	9.80	19.54
Satisfatório	19.61	25.29	21.57	24.14	27.45	20.69
Média	23.53	32.18	27.45	27.59	35.29	34.48
Não satisfatório	25.49	17.24	19.61	14.94	19.61	16.09
Altamente insatisfatório	17.65	3.45	19.61	11.49	7.84	9.20

Fonte: Dados de observação, 2013

Quadro 4.2: Nível de instrução das mulheres

Nível de satisfação	Capacidade de leitura (Feminino)		Capacidade de compreensão (Feminino)		Capacidade de escrita (Feminino)	
	Parte inferior	Parte superior	Parte inferior	Parte superior	Parte inferior	Parte superior
Altamente satisfatório	15.15	21.18	13.64	21.18	9.09	20.00
Satisfatório	16.67	27.06	15.15	24.71	16.67	25.88
Média	16.67	34.12	19.70	36.47	22.73	38.82
Não satisfatório	22.73	15.29	19.70	11.76	21.21	10.59
Altamente insatisfatório	28.79	2.35	31.82	5.88	30.30	4.71

Fonte: Dados de observação, 2013

4.3. Instalações sanitárias

As instalações sanitárias em Aranayaka eram mais satisfatórias do que na divisão de Ganga Ihala Korale. Há poucas famílias que não dispõem de latrina na zona inferior, mas na zona superior as instalações sanitárias são muito reduzidas. Dos 5356 agregados familiares da zona alta, 177 não dispõem de instalações sanitárias adequadas.

Tabela 4.3: Instalações sanitárias na parte superior da bacia de captação

GND	Número de agregados familiares	Na unidade		Fora da unidade		Outros		
		Exclusivamente para o agregado familiar	Partilha com outro agregado familiar	Exclusivamente para o agregado familiar	Shari ng com outro agregado familiar	Não tem casa de banho, mas partilha-a com outro agregado familiar	Casa de banho comum / pública	Não utilizar a casa de banho
Karagal	311	196	6	100	6	2	0	1
Malwatthagama	600	128	3	442	24	3	0	0
Yatapana	296	29	0	211	18	8	26	4
Wetakedeniya	485	172	107	197	5	3	0	1
Udawella	366	40	117	201	7	0	0	1
Gemunupura	325	197	1	111	16	0	0	0
Patitalawa	522	34	1	427	20	5	32	3
Grupo Kelly	156	8	0	106	5	12	22	3
Alugolla	407	28	0	237	77	36	0	29
Udahentenna	447	89	7	302	27	18	0	4
Miyanagolla	433	152	2	196	23	6	0	54
Rakshawa	599	22	0	489	41	18	1	28
Uda Ramukpitiya	409	189	2	132	24	12	1	49

Fonte: Departamento de Censos e Estatísticas, 2013.

Tabela 4.4: Instalações sanitárias na parte inferior da bacia de captação

GND	Número de agregados familiares	Na unidade		Fora da unidade		Outros		
		Exclusivamente para o agregado familiar (dentro da Unidade)	Partilha com outro agregado familiar (dentro da unidade)	Exclusivamente para o agregado familiar (Unidade exterior)	Partilha com outro agregado familiar (unidade exterior)	Não tem casa de banho, mas partilha-a com outro agregado familiar	Casa de banho comum/ pública	Não utilizar a casa de banho
Podape	273	30	4	234	5	0	0	0
Deiyanwala	272	124	12	126	7	2	0	1
Arama	231	15	0	186	21	9	0	0

Hakurugam mamna	268	120	0	140	5	3	0	0
Randiligama	243	21	1	204	6	10	0	1
Selawa Leste	153	1	0	132	15	1	0	4
Selawa Oeste	164	1	2	154	2	2	0	3
Rahala	406	21	20	336	15	14	0	0

Fonte: Departamento de Censos e Estatísticas, 2013.

4.4. Condições de saúde

Não existem doenças crónicas na área de captação superior (Divisão DS de Ganga Ihala Korale) e na área de captação inferior (Divisão DS de Aranayake). No entanto, ultimamente, há algumas famílias que sofrem de doença renal na zona de captação superior.

Nos últimos seis meses, as pessoas procuram tratamento nos hospitais de Nawalapitiya e de Kurunduwatte, onde têm de percorrer 10 quilómetros até ao hospital de Nawalapitiya e sete quilómetros até ao hospital de Krunduwatte.

Na parte baixa, as pessoas vão ao hospital de Hemmathagama para receberem cuidados médicos, que fica a três quilómetros de distância.

Tabela 4.5: Distância dos centros médicos (governamentais e privados)

Estação de serviço (K.m)	Parte superior		Parte inferior	
	Distância (K.m)	tempo (min)	Distância (K.m)	tempo (min)
Hospital público	3	20	3	30
Hospital Privet	0	0	19	45
Hospital de Aurvedhik	3	20	0	0
Hospital Privet Aurvedhik	0	0	0	0

Fonte: Dados de observação, 2013

Não há doentes em ambas as áreas de captação que procurem tratamento fora da sua região e apenas os doentes renais da área de captação superior se deslocam ao hospital de Kandy para tratamento.

4.5. Água e saneamento

No domínio da água e do saneamento, a atenção centrou-se nas fontes de água potável, nos métodos de purificação da água e na utilização de instalações sanitárias, etc.

4.5.1. Fontes de água potável

A maioria dos entrevistados das zonas alta e baixa satisfaz as suas necessidades de água utilizando fontes de água comunitárias e água de nascente. Nas zonas de captação inferior e superior, as pessoas satisfazem as suas necessidades básicas de água a partir de fontes de água comunitárias, 36% e 47,5%, respetivamente.

As comunidades da zona de Ganga Ihala Korale satisfazem as suas necessidades básicas de água a partir de água de nascente. Recolhem a água de canos para tanques ou diretamente para as suas casas.

Foto 01: Recolha de água para um pequeno tanque

Fonte: Dados de observação no terreno, 2013

As pessoas que vivem na zona inferior da bacia hidrográfica satisfazem as suas necessidades básicas de água recorrendo a sistemas comunitários de abastecimento de água geridos pelas autoridades locais. No entanto, o Conselho de Abastecimento de Água e Drenagem mantém a qualidade da água nos tanques de abastecimento de Hemmathagama, Arama e Rahala, no âmbito de projectos de água comunitários.

Tabela 4.6: Métodos de purificação da água

Métodos de purificação da água	**Parte superior**	**Parte inferior**
Ferver a água	34.0	30.0
Adicionar cloro	0.0	0.0
Filtrar através de um pano	24.0	25.0
Utilizar um filtro de água	0.0	7.5
Não fazer nada	42.0	37.5
Total	100.0	100.0

Fonte: Dados da observação no terreno, 2013

Embora as pessoas na zona de captação superior tenham cavado poços por si próprias, é difícil encontrar pessoas que os utilizem atualmente.

Para identificar os métodos de purificação da água na área de captação, foram entrevistadas 90 famílias, 50 da parte superior e 40 da parte inferior. 34% da parte alta e 30% da parte baixa tentam purificar a água fervendo. 20% dos moradores da parte alta e 25% da parte baixa usam pano macio para filtrar a água. Entre as pessoas, 42% das zonas de captação superiores e 37,5% das zonas de captação inferiores não utilizam qualquer método de purificação da água.

Embora na zona de captação inferior, os residentes comuns utilizem métodos de abastecimento de água comunitários, há um tanque que não utiliza qualquer método de purificação, enquanto que a adição de cloro só é feita a dois tanques em cada três

4.5.2. Relação entre a utilização de instalações sanitárias e fontes de água

A profundidade da fossa da latrina, se atinge o nível da água subterrânea (aqui, é necessário atingir o nível da água quando a fossa é escavada), a distância entre a latrina e o poço raso foram considerados nestas observações. A profundidade geral da fossa da casa de banho situa-se entre 3,02m e 3,40m em todos os agregados familiares estudados e, quando as fossas foram cavadas, não se encontrou água subterrânea na parte superior da área de captação. Na parte inferior, há várias fossas que atingiram água subterrânea durante a escavação, o que revela que algumas fossas se estendem até ao nível da água subterrânea.

A investigação mostra que a distância mínima (m) exigida entre as latrinas e os poços está correta em ambas as áreas de captação.

Tabela 4.7: Pormenores sobre a fossa sanitária e a distância do poço ao poço

	Parte superior			Parte inferior		
	valor médio	valor mínimo	Valor máximo	valor médio	valor mínimo	Valor máximo
Profundidade da fossa sanitária	3.02	3	6	3	2	3.5
Distância entre o poço e a fossa sanitária	11	7	23	35.8	6	35

Fonte: Dados de observação no terreno, 2013

Dos 50 agregados familiares estudados na zona alta, 34 famílias construíram as suas casas de banho fora de casa e na zona baixa 84% das pessoas utilizam uma latrina que também está situada longe da sua casa.

Chart 4.4: Toilet usage of upper part of catchment

Chart 4.4: Toilet usage of lower part of catchment

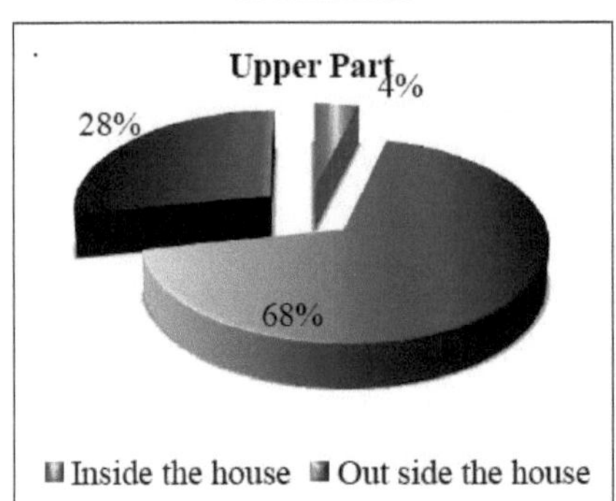

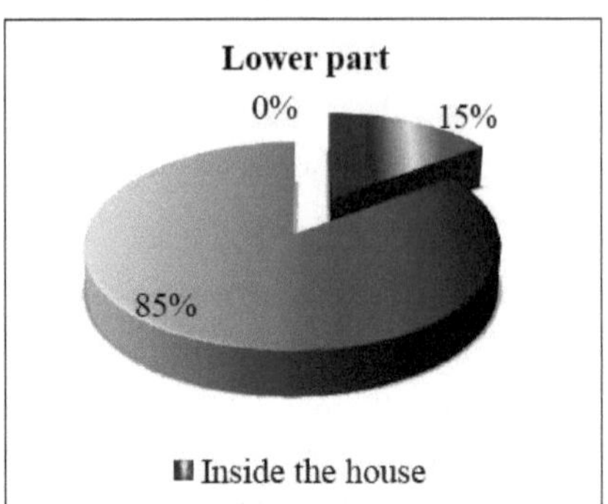

Fonte: Dados de observação no terreno, 2013

É importante ter em conta que há poucas famílias que não têm armários na área de influência superior. 14 famílias em 50 não têm casa de banho. A maior parte delas são trabalhadores rurais. Utilizam as casas de banho comunitárias construídas nos aglomerados populacionais. Durante a discussão, descobriu-se que algumas delas utilizam espaços abertos e, na sua maioria, as crianças preferem utilizar o ar livre para as suas necessidades sanitárias.

4.6. Saúde e água

Foram entrevistados um médico do hospital de Rahala, o presidente e o secretário da sociedade da água de Rahala. Estes concordaram em facilitar a recolha de dados sobre as doenças causadas pela água, através do gabinete do Ministério da Saúde em Aranayake. Os dados recolhidos no gabinete do Ministério da Saúde são apresentados em anexo.

Tabela 4.8: Variação da doença

Ano	Diarreia	Hepatite	Tifoide
2009	13	39	5
2010	21	22	2
2011	15	17	4
2012	5	48	1
2013	8	16	4
Total	62	142	16

Fonte: Dados da observação no terreno, 2013

Como mostra o quadro, foram detectados 48 doentes com hepatite em 2012. A razão prende-se com o facto de não existirem instalações sanitárias suficientes na zona superior durante esse período. Durante a discussão, foi revelado que as pessoas da zona de captação superior davam garrafas aos seus filhos para as suas latrinas. Uma vez que não existia um sistema adequado de limpeza das latrinas, o número de casos de hepatite foi elevado em 2012. Em 2013, registaram-se 16 doentes, o número mais baixo.

Há poucas pessoas que sofreram de febre tifoide e em 2012 houve um valetudinário. De 2009 a 2012, registou-se uma ligeira diminuição de doentes, mas em 2013 aumentou novamente para 4.

Tal como a febre tifoide, a disenteria registou uma diminuição notável de 2010 a 2012. Mas em 2013 o número de valetudinários aumentou para 8.

Em 2009, registou-se um elevado número de doentes nas três doenças transmitidas pela água. Este número foi superior ao total de doentes em 2012. 2013 registou o número mais baixo de doentes, 28.

Capítulo 5

Estudo dos recursos hídricos na zona de captação

5.1. Introdução

De acordo com o estudo da distribuição dos recursos hídricos na área de estudo, os principais recursos hídricos nesta bacia hidrográfica são as águas superficiais e as águas subterrâneas. Na zona de captação superior, as pessoas utilizam maioritariamente as águas subterrâneas, as águas superficiais e as águas de nascente para fins domésticos.

5.2. Águas subterrâneas

Além disso, existem poços pouco profundos na zona. Na amostragem das águas subterrâneas, foram utilizados sobretudo poços domésticos pouco profundos. As amostras foram recolhidas de acordo com uma grelha que cobria toda a área de captação. Foram utilizados questionários para recolher os dados físicos destes poços escavados. (Anexo 1)

Para recolher amostras de água, foram identificados 34 poços escavados e 26 localizações do rio na bacia hidrográfica superior de Maha oya, incluindo as divisões de Rahala, Arama, Deyyanwela, Podape, Salawa (leste e oeste), Hakurugammana e Randiligama G.N. (Figura 5.1).

Figura 5.1: Localização da amostra - Poço escavado e rio

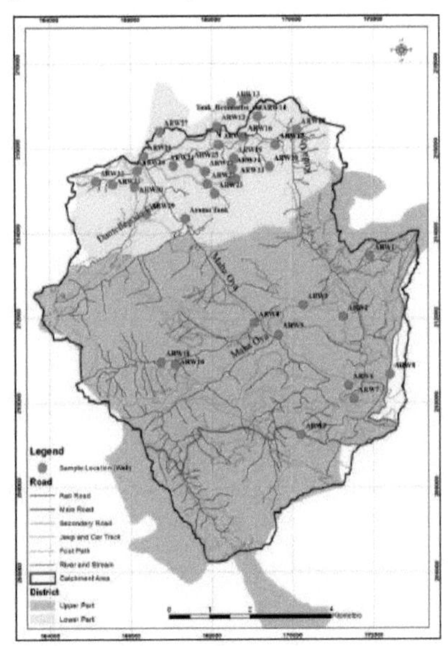

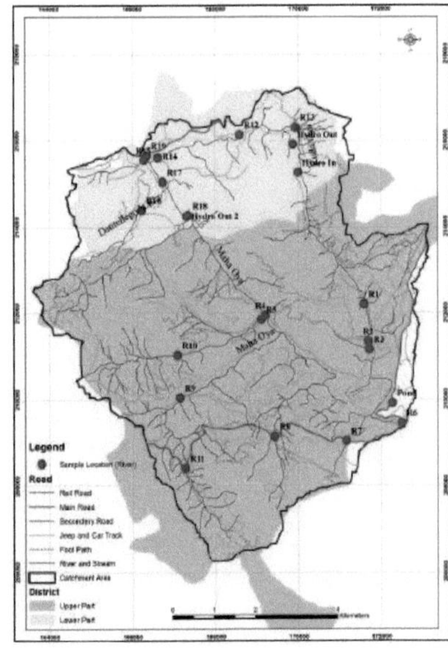

Fonte: Dados de observação no terreno, 2013Estes locais foram selecionados a partir de uma amostragem sistemática. Os pontos (poços escavados) de toda a área foram avaliados com base na grelha de 800m. Para a amostragem, foi selecionado um poço do ponto central ou à volta do ponto central em cada parcela e marcado com a identificação dos outros poços escavados (Foto 5.1,5.2).

Photo 5.1: Numbering dug wells

photo 5.2: Numbering dug wells

Fonte: Dados da observação no terreno, 2013

5.3. Análise dos dados físicos dos poços escavados

No âmbito dos dados físicos dos poços escavados, foram estudados a profundidade do poço, a altura da placa do poço, a utilização geral da água do poço e o nível de saneamento em redor dos poços. A principal razão para estudar estes factos foi a existência de doenças infecciosas relacionadas com a água.

A maioria dos poços utilizados como amostras eram poços escavados. Na área de captação, as pessoas satisfaziam as suas necessidades de água cavando poços para recolher água de nascentes subterrâneas. Assim, três dos poços amostrados eram poços de nascente (foto 5.3).

Gráfico 5.1: Tipo de poço

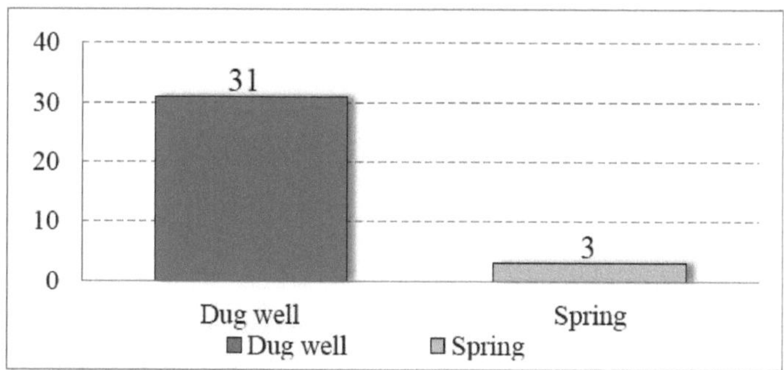

Fonte: Dados da observação no terreno, 2013

Foto 5.3: Poço de nascente

Fonte: Dados da observação no terreno, 2013

A profundidade de 91% dos poços amostrados era inferior a 4m. Isso mostra que a água subterrânea está próxima do solo na área de captação superior e o lençol freático tem mais de 8m de profundidade em poços escavados em terras altas (Gráfico 5.2).

Gráfico 5.2: Profundidade do poço

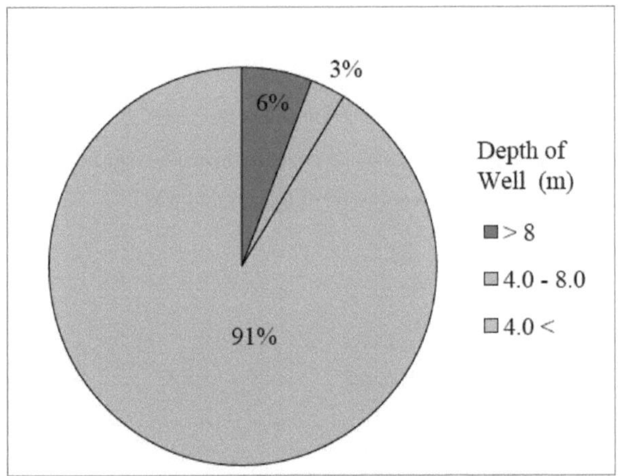

Fonte: Dados da observação no terreno, 2013

O diâmetro dos poços é importante para o armazenamento de água. Não há necessidade de armazenar água na área de captação de Aranayake e Dolosbage, uma vez que as pessoas obtêm água para a sua agricultura de Mahan Oya e outros afluentes e satisfazem as suas necessidades de água potável através de tanques de abastecimento de água do rio Maha Oya. Devido a este facto, o diâmetro dos poços na área de captação é inferior a 1m. Os poços que têm menos de 0,5 m de diâmetro são poços de nascente (Gráfico 5.3). 65% dos poços escavados são usados para água potável na área de captação estudada

(Gráfico 5.4).

Gráfico 5.3: Diâmetro do poço

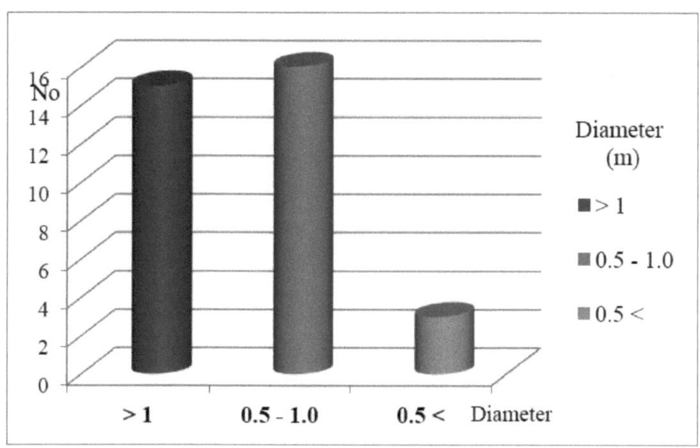

Fonte: Dados de observação no terreno, 2013

Gráfico 5.4: Situação do poço

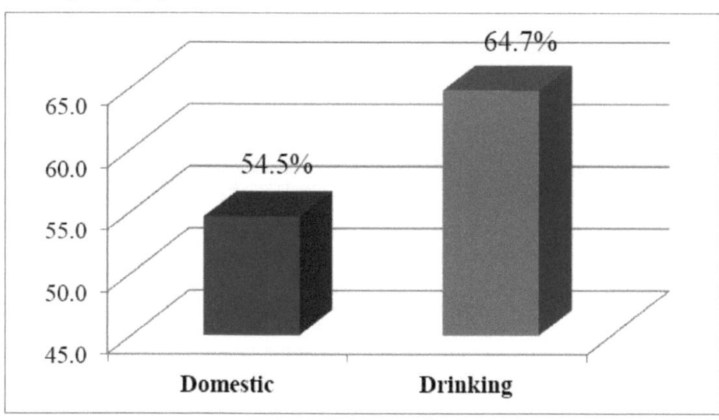

Fonte: Dados de observação no terreno, 2013

Embora as pessoas utilizem água canalizada fornecida pelo Conselho de Abastecimento de Água e Drenagem a partir de tanques, quando a água não é fornecida por estes, utilizam poços para as suas necessidades de água.

78% dos poços amostrados na área de captação superior são utilizados para obter água potável (Gráfico 5.5), enquanto as pessoas na área de captação inferior obtêm água potável de tanques operados pela Direção de Abastecimento de Água e Drenagem (Gráfico 5.6). Por conseguinte, as pessoas utilizam os poços para outras necessidades.

Chart 5.5: Usage of water

(Lower part of catchment)

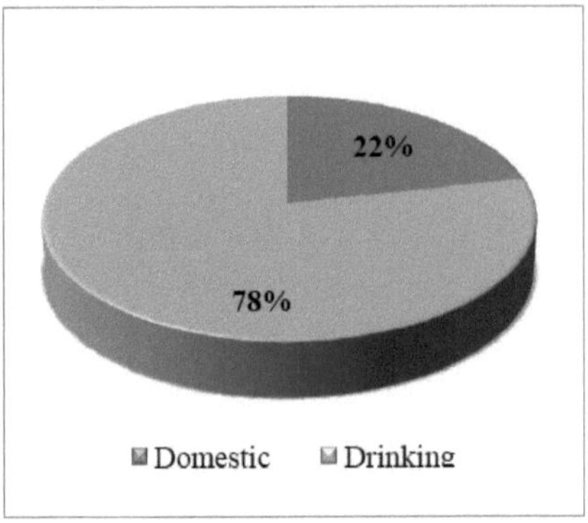

22%
78%
Domestic
Drinking

Source: Field observation data, 2013

Chart 5.6: Usage of water

(Upper part of catchment)

36%
64%
Domestic
Drinking

Source: Field observation data, 2013

Embora haja um grande número de poços rasos na área de estudo, atualmente há poucos poços que são usados para água potável. As bombas de água são utilizadas para obter água dos poços domésticos. 50% usam uma bomba de água para obter água dos poços, de todos os poços estudados (Gráfico 5.7). A maioria usa bombas de 1" de diâmetro para bombear água nestas áreas.

Gráfico 5.7: Tipo de poço obtido

47%
50%
3%
Bucket
Public
Pumping

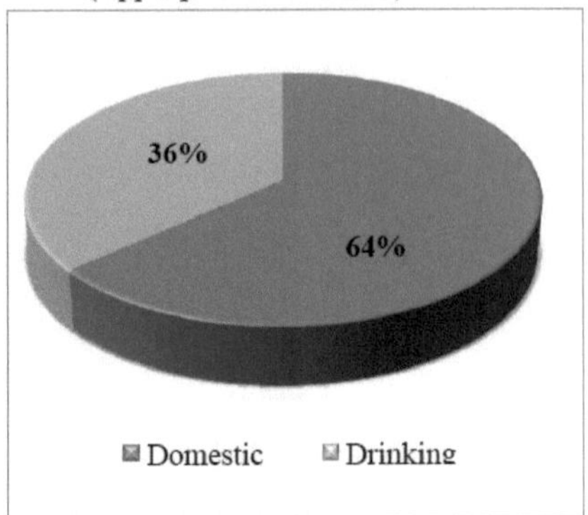

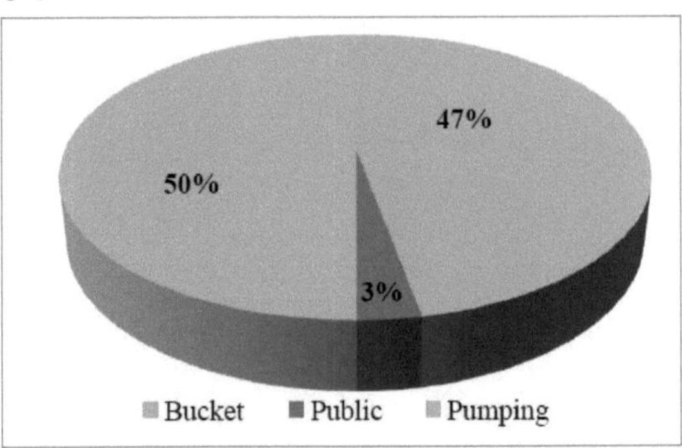

Fonte: Dados de observação no terreno, 2013

Os poços que não são utilizados para satisfazer as necessidades de água potável são utilizados para jardinagem doméstica e outras necessidades quotidianas.

Um avental do poço é muito importante para um poço doméstico limpo. O avental é feito para proteger um poço raso de coluviões e transbordamento de água de lama. 12% dos poços do estudo não têm avental.

Gráfico 5.8 : Altura do avental do poço escavado

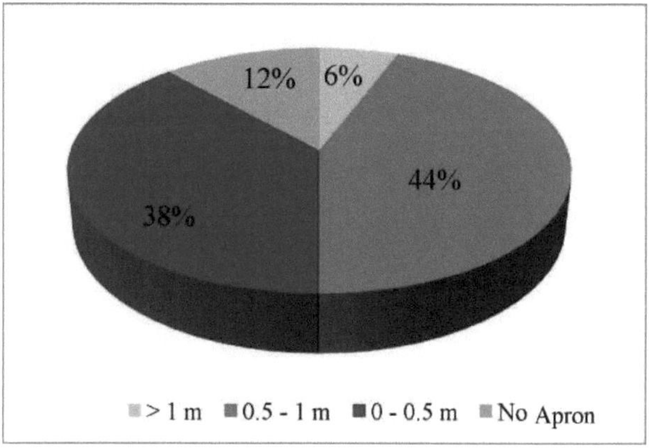

Fonte: Dados de observação no terreno, 2013

Dos poços sem avental, 61% são utilizados para água potável e são poços de nascente. As comunidades da zona de captação inferior têm um vasto conhecimento sobre a proteção dos poços e utilizam vários métodos para os proteger dos detritos das folhas e de outros resíduos.

Photo 5.4: Apron of dug well (1)

Photo 5.5: Apron of dug well (2)

Fonte: Dados de observação no terreno, 2013

O deslizamento de migalhas de terra para os poços é um dos principais problemas dos poços pouco profundos. Este facto provoca a alteração da cor da água, aumenta a quantidade de resíduos num poço, etc. O fecho interior do poço também foi estudado. Este foi encontrado em 12 poços sem avental (dos poços estudados). Estes poços foram construídos no terreno natural. Os poços construídos com um avental foram construídos com laços de betão, cimento, granito e tijolos. Oito poços dos 34 poços amostrados foram construídos com um avental de cimento. O gráfico n.º 5.9 indica as categorias dos poços estudados com base na natureza da placa de proteção do poço.

Gráfico 5.9: Revestimento do poço

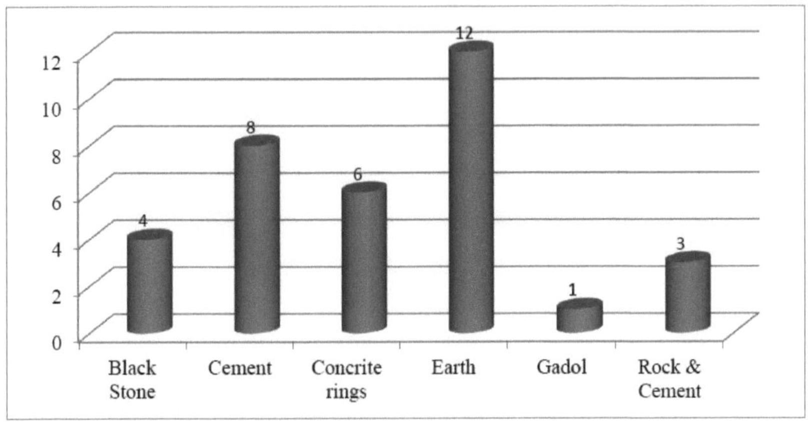

Fonte: Dados de observação no terreno, 2013

Outra questão é a distância entre o poço e a fossa sanitária. De acordo com os relatórios de avaliação, a distância mínima entre o poço e a fossa deve ser de 3m. É bom notar que na área de captação, a distância entre estes dois é superior a 5m. A Figura 01 mostra que a distância exigida é seguida corretamente.

Tabela 5.1: Distância entre a casa de banho e o poço

	Parte superior			Parte inferior		
	valor médio	valor mínimo	Valor máximo	valor médio	valor mínimo	Valor máximo
Distância entre o poço e a fossa sanitária	11	7	23	35.8	6	35

Fonte: Dados da observação no terreno, 2013

5.4. Qualidade química do poço

A qualidade da água é importante quando se estuda a utilização da água pelos seres humanos. Por conseguinte, para além dos testes primários, foram efectuados testes laboratoriais. Seis amostras de água de poços escavados selecionados aleatoriamente foram entregues ao Conselho de Recursos Hídricos para testes laboratoriais. Foram testadas algumas caraterísticas físicas e químicas e foram testados factores físicos como a cor e a turvação e factores químicos como a condutividade eléctrica (CE), o pH, o cloreto, o cálcio, o fosfato, o fluoreto, a dureza total (como $caco_3$) e os resíduos totais.

5.5. Análise dos factores físicos

A cor e a turbidez foram testadas como factores físicos. A água, sendo um fluido, muda de cor devido aos materiais dissolvidos e às partículas. Foram utilizadas unidades Hazen (HU) para medir a cor da água. A cor da água torna-se castanha devido a partículas orgânicas.

A cor das amostras dos poços escavados testados não excedeu o nível das normas do Sri Lanka, de acordo com a lei SLS 614: Parte 1: 1983. No entanto, os níveis de turbidez em alguns pontos de amostragem eram inferiores às normas do Sri Lanka (gráfico 5.10). O nível de turbidez varia devido ao lodo e às matérias orgânicas dissolvidas na água. A água potável aprovada pelas normas do Sri Lanka tem unidades de turbidez nefelométrica (NTU) entre 2 e 8. A turvação é a quantidade de matéria particulada que está suspensa na água. A turvação torna a água turva ou opaca. As partículas incluem argila, silte, matérias orgânicas e inorgânicas finamente divididas, plâncton e organismos microscópicos na turvação. A turvação pode variar devido a esta razão.

Gráfico 5.10 : Variação da cor e da turbidez

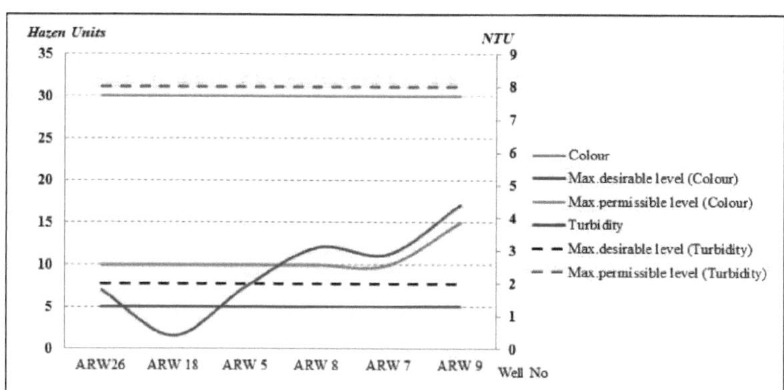

Fonte: Dados da observação no terreno, 2013

Não se registou nenhuma situação perigosa de turvação das amostras de água testadas no laboratório. Apenas o poço escavado ARW 9 apresenta 4,4 NTU de turvação e é feito num nível mais baixo, onde a água das terras altas flui e se acumula. As partículas da água da nascente podem ser outra razão para a turvação da água. Como há um avental ligado a ele, as partículas podem estar a acumular-se no poço. Mas isto não está a afetar as normas SL.

5.6. Análise dos factores químicos

Foram efectuados testes químicos para estudar a reação dos factores químicos na água dos poços escavados utilizados para fins domésticos. Foram testados o pH, a CE, o cloreto, o cálcio, o fosfato, o fluoreto, a dureza total (como $caco_3$) e os resíduos totais.

A água é um composto químico com a fórmula química $H_2 O$. Uma molécula de água contém um átomo de Oxigénio e dois átomos de Hidrogénio ligados por ligações covalentes (Foto 5.6).

Foto 5.6: Ligações de hidrogénio e H_2O

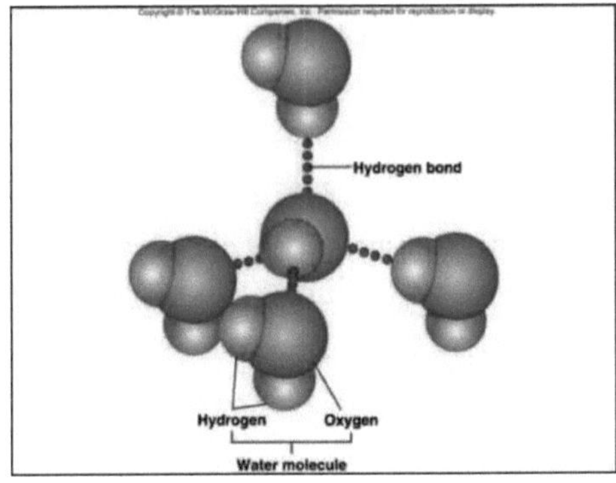

Fonte: http://www.rci.rutgers.edu/~uzwiak/AnatPhys/APFallLect2 files/image002.jpg

Em química, o pH é uma medida da acidez ou da basicidade de uma solução aquosa. As soluções com um pH inferior a 7 são consideradas ácidas e as soluções com um pH superior a 7 são básicas ou alcalinas. A água pura tem um pH muito próximo de 7. O pH é o parâmetro mais importante para as actividades de monitorização da água. O pH da água determina a solubilidade e a disponibilidade biológica dos constituintes químicos, como os nutrientes (fósforo, azoto e carbono) e os metais pesados. As actividades naturais e humanas determinam o pH da água.

O fator mais importante dos poços escavados que foram selecionados na área de captação é o pH da área de captação superior, que indicou valores baixos. Os poços ARW 5 e ARW 9 podem ser apresentados como exemplos no Gráfico 5.11, com valores de 6,4 e 6,3. A plantação de chá é o principal padrão de utilização do solo nesta área. Os fertilizantes utilizados pelas pessoas são arrastados e acumulados nos poços localizados nos vales baixos. Estes impactos diminuem o pH dos poços.

Gráfico 5.11: Variação do pH do poço

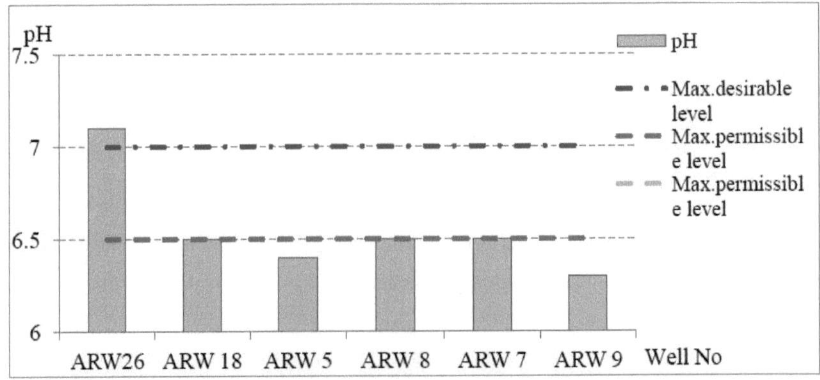

Fonte: Direção dos Recursos Hídricos, 2013

Os valores de cloreto e cálcio são mais baixos do que os padrões SL (Gráfico 5.12). A dureza total (Gráfico 5.13), o ferro e o fosfato também foram testados e não há danos porque os valores estão abaixo dos padrões de água potável da SL (tabela 5.2).

Gráfico 5.12: Variação de cloreto e cálcio do poço escavado selecionado

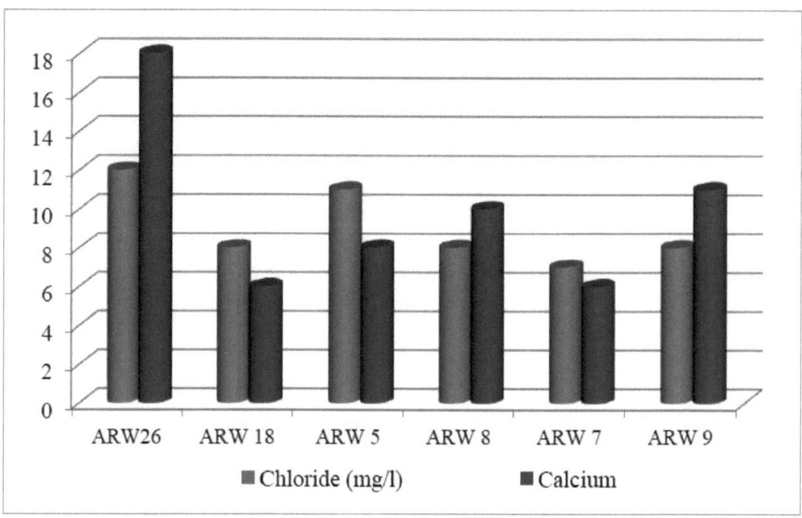

Fonte: Direção dos Recursos Hídricos, 2013

Gráfico 5.13: Variação da dureza total e dos resíduos

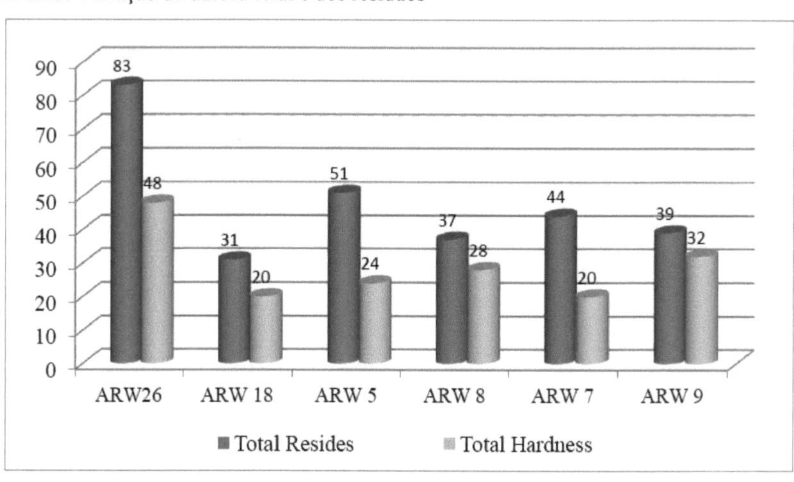

Fonte: Direção dos Recursos Hídricos, 2013

Tabela 5.2: Variação de fluoreto e fosfato

Nome	Fio de amostra	Fluoreto	Nível máximo desejável	Nível máximo admissível	Total Posfato	Nível máximo desejável	Nível máximo admissível
ARW 26	WS 8	Menos de 0,2	0.6	1.5	Menos de 0,01	0	2
ARW 18	WS 6	Menos de 0,2	0.6	1.5	Menos de 1.5	0	2
ARW 5	WS 1	Menos de 0,2	0.6	1.5	Menos de 0,01	0	2
ARW 8	WS 3	Menos de 0,2	0.6	1.5	Menos de 0,01	0	2
ARW 7	WS 2	Menos de 0,2	0.6	1.5	Menos de 0,01	0	2
ARW 9	WS 4	Menos de 0,2	0.6	1.5	Menos de 0,01	0	2

Fonte: Direção dos Recursos Hídricos, 2013

5.6.1. Análise do pH

Para esta análise, foram medidos 34 poços escavados, tendo sido selecionados 11 da parte superior e 23 da parte inferior (ARW 1 - ARW 34) e o período de tempo foi de maio de 2013 a setembro de 2013.

Os valores de pH na área de captação variam entre 4 e 7,25. Os valores mais elevados de pH oscilam em diferentes locais ao longo dos cinco meses. Em maio foi ARW 2, ARW 5 e ARW 34 e em junho foi ARW 34 o valor mais elevado. Nos meses de julho e agosto, o valor mais elevado de ARW 7 é apresentado na zona superior. Em setembro, o valor mais elevado é indicado pela ARW 2. É importante notar que, durante o período de estudo de maio a setembro, os valores de pH aumentaram gradualmente e foram distribuídos por toda a área regularmente, com exceção do baixo valor ARW 9 encontrado na área superior da bacia hidrográfica.

Figura 5.2: Poços escavados selecionados na área de captação

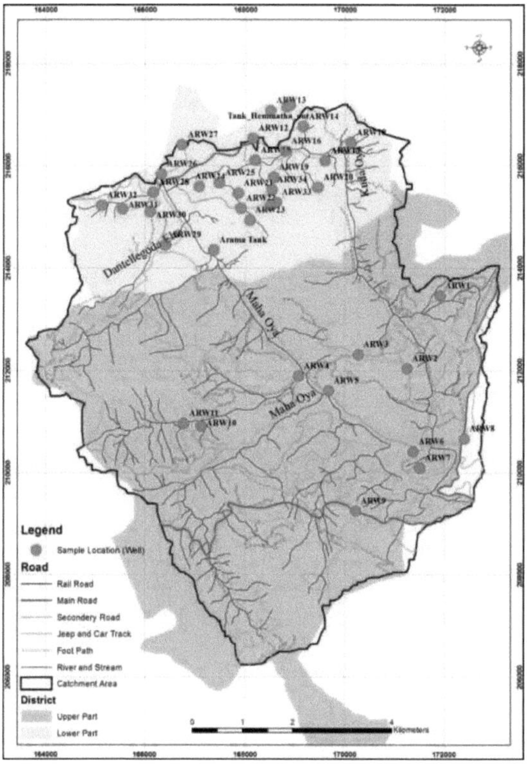

Fonte: Dados de observação no terreno, 2013

Nos meses de julho, agosto e setembro, a ARW 7 apresenta valores de pH de 4 - 4,75, mas em maio e junho foi inferior a 5, localizada numa área de Udahenthanna. Rahala,

Figura 5.3: Distribuição espacial de Ph

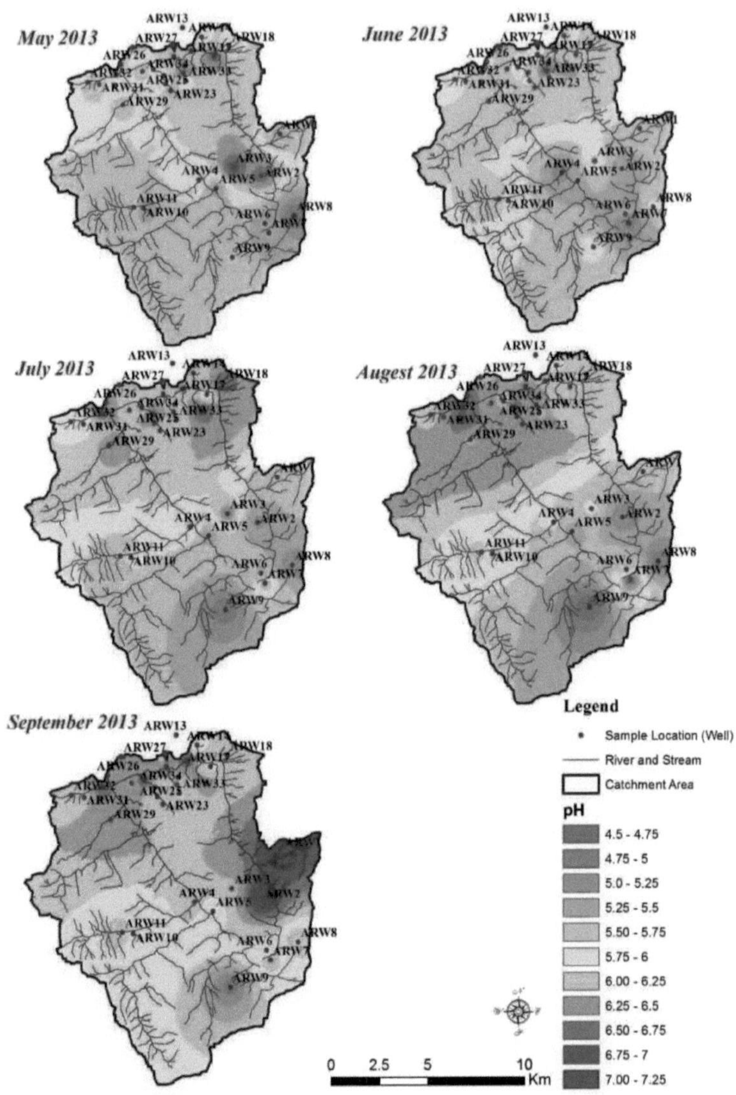

Fonte: Dados de observação no terreno, 2013

Departamento de levantamentos e cartografia, 2001

Sistema de Informação Geográfica, 2013

Randiligama e Arama são as divisões da GN que apresentam valores de pH baixos.

Não há mal nenhum em utilizar a água dos poços escavados ARW 8 e ARW 11, porque têm um valor de pH de cerca de 7 e não há alterações entre os meses. O poço ARW 8, localizado na divisão GN de

Udahenthanna, apresentou valores mais baixos.

5.6.2. Análise da condutividade eléctrica

Verificou-se que o nível de CE é inferior ao nível máximo desejável (750ps/cm). (Figura 5.4) Por conseguinte, é importante notar que não existe salinidade nas águas subterrâneas da área de estudo. Para esta análise, foram medidos 34 poços escavados: 11 foram selecionados na parte superior e 23 foram selecionados na parte inferior. (ARW 1 - ARW 34) e o período foi de maio de 2013 a setembro de 2013.

O mapa indica os valores mais elevados de CE na zona de captação inferior em torno das divisões GN de Randiligama, Hakurugammana e Arama, cujo caudal se situa entre 100 µs

- 350 µs/cm. Os pontos de amostragem de ARW 6, ARW 10 e ARW 11 apresentam valores de 50 µs a 150 µs/cm na zona de captação superior e são apresentados numa parte especial do mapa. Os valores mais elevados de CE são apresentados no mês de agosto, enquanto janeiro apresenta os valores mais baixos.

Na zona superior da bacia hidrográfica, ARW 1 e ARW 6 são os pontos de CE mais elevados. O ARW 6 apresenta os valores mais elevados de CE, que ultrapassam os 100µs/cm ao longo dos cinco meses. Na ARW 1, maio, junho e agosto indicam valores elevados e os valores de CE de julho e setembro são inferiores a 100µS/cm. O valor mais baixo de CE na zona superior é de 20µS/cm no mês de junho (ARW 11) e o mais elevado é de 190µs/cm em agosto (ARW 1). Os poços ARW 4, ARW 7 e ARW 8 são poços de nascente e os outros são poços escavados. Nos poços de nascente, a CE varia entre 45µS/cm e 90µS/cm.

Na zona de captação inferior, os valores de CE variam entre 60 µs e 350µs/cm (ARW 12 - ARW 34). Como mostra o mapa, o valor mais elevado é 349µs/cm (ARW 16) no mês de maio e o mais baixo 64µs/cm (ARW 32) no mês de setembro. 348µs/cm é o valor mais alto no mês de maio (ARW 16), e o mais baixo é 20µs/cm de ARW 11 no mês de junho. Ambos os pontos estão localizados na zona de captação inferior. Pode notar-se que todos os valores mais elevados se encontram na ARW 11, exceto no mês de agosto. Em todos os outros meses, os valores de CE da ARW 16 situam-se entre 200µs/cm e 350µs/cm.

Os valores mais baixos podem ser encontrados na zona de captação inferior. Os valores mais baixos variam entre 20µS/cm e 80µS/cm.

Figura 5.4: Distribuição espacial da condutividade eléctrica

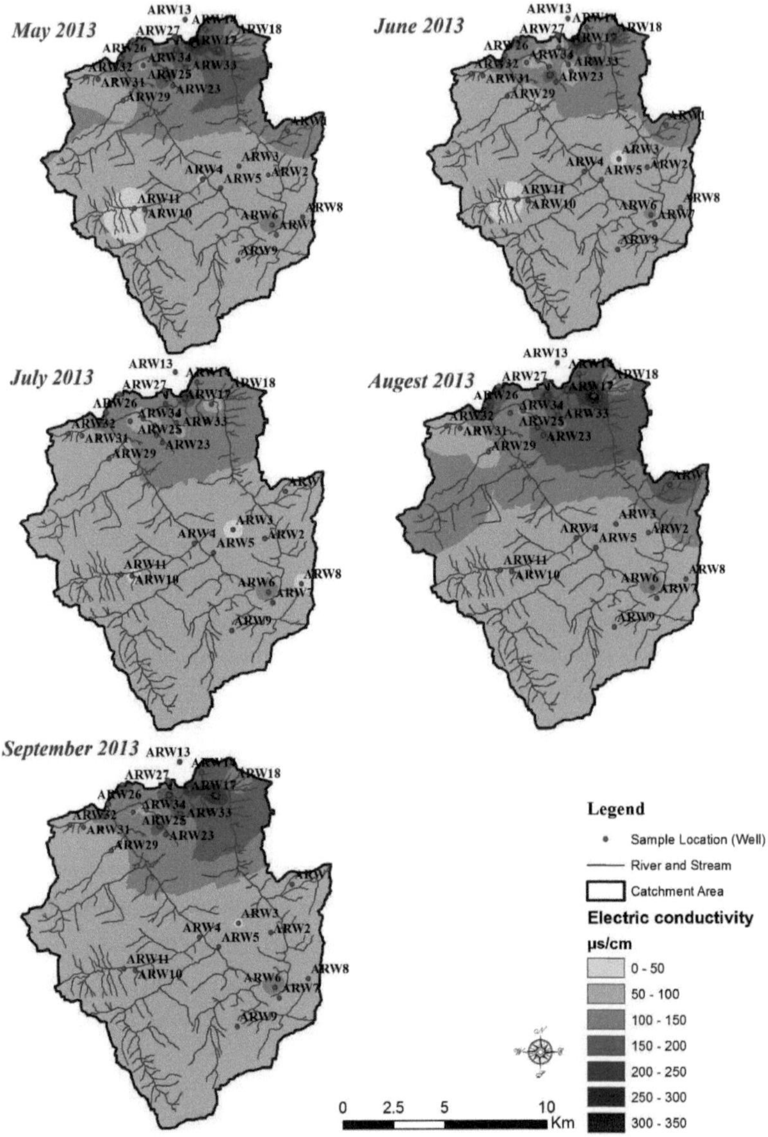

Fonte: Dados da observação no terreno, 2013

Departamento de levantamentos e cartografia, 2001

Sistema de Informação Geográfica, 2013

5.7. Águas de superfície

O Maha oya é o terceiro maior rio do Sri Lanka e a sua água é utilizada para fins domésticos e para satisfazer as necessidades de água. O Maha Oya fornece água para a agricultura, para o abastecimento de água às comunidades, etc.

Para o estudo, foi selecionada como área de estudo 60 km do site[2] . O rio nasce na montanha Rakshawa e corre através de Mawanella e Aranayake. A área de estudo selecionada situa-se a 10 kms ao longo do rio, a montante (Figura 5.5). O pH, a CE (Condutividade Eléctrica), o nível de salinidade e a temperatura nos locais do rio foram verificados (Foto 5.7). Quatro amostras selecionadas de cada mês foram enviadas para o laboratório para análise.

Figura 5.5. Localização da amostra do rio

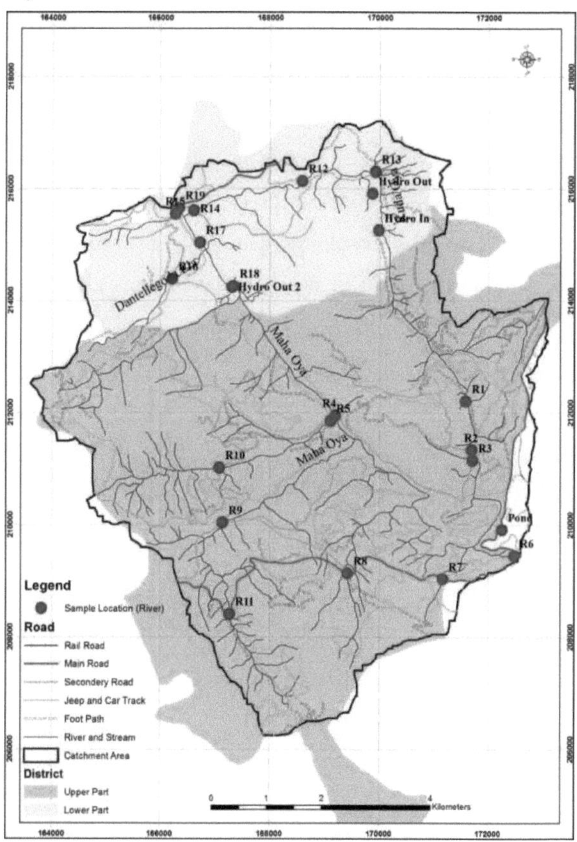

Fonte: Departamento de Inquéritos e Cartografia, 2001
Sistema de Informação Geográfica, 2013

Foto 5.7 Recolha de amostras de água - Rio

Fonte: Dados da observação no terreno, 2013

A CE pode ser encontrada acima de um valor de 100 μs/cm apenas no período seco (agosto) na zona superior da bacia hidrográfica superior. (Gráfico 5.14) Os dados revelam que, nos meses de agosto e setembro, os valores de CE são mais elevados do que nos outros meses. Embora a CE apresente valores elevados na parte superior, não se nota qualquer diferença na zona inferior da bacia hidrográfica.

Gráfico 5.14: Variação da condutividade eléctrica - Rio

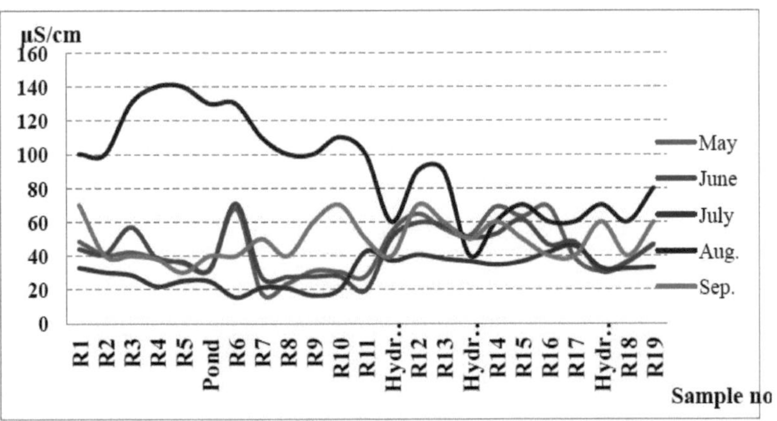

Fonte: Dados da observação no terreno, 2013

Os valores de pH foram testados em todos os cinco meses de forma contínua. Os valores de pH situam-se maioritariamente entre 6,50 e 7,5. Apenas a amostra R6 apresenta um valor inferior a 6,5 (Gráfico 5.15). Estava localizada num vale e a água recolhida no ponto de amostragem seria a razão para o baixo valor (Foto 5.8).

Gráfico 5.15: Variação do pH - Rio

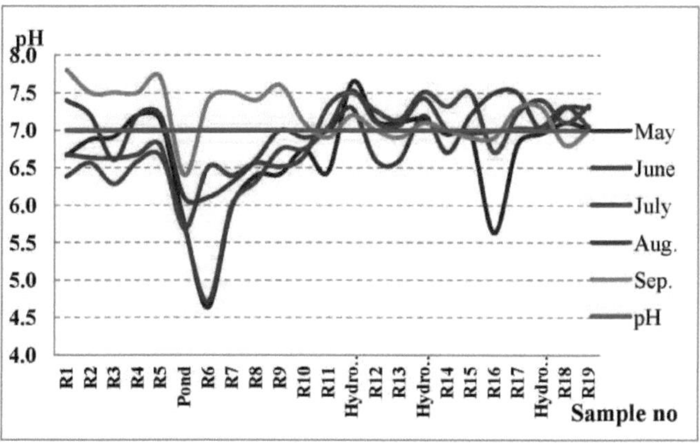

Fonte: Dados da observação no terreno, 2013

Foto 5.8: Lagoa do vale

Fonte: Dados da observação no terreno, 2013

Quatro amostras selecionadas da amostragem do rio foram testadas quanto à cor, turbidez, pH, CE, cloreto, fluoreto e cálcio (mapa de localização na Figura 5.6)

A cor de apenas uma amostra em quatro excede o valor mais alto das Unidades Hazen 3 (Gráfico 5.16). Quando os afluentes do Maha oya atravessam povoações (Gráfico 5.17), fábricas e explorações agrícolas cultivadas, a água mistura-se com o solo e a cor muda.

Gráfico 5.16: Cor da água do rio

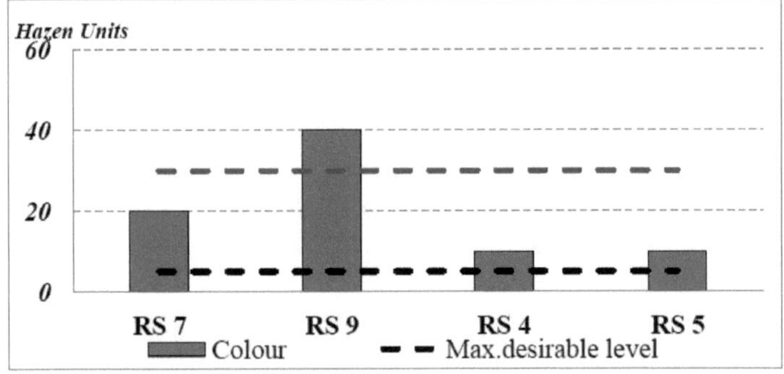

Fonte: Direção dos Recursos Hídricos, 2013

Gráfico 5.17: Alterações de turbidez da água do rio

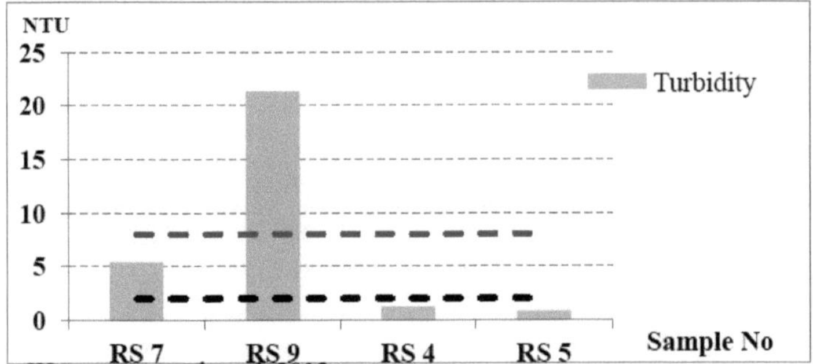

Fonte: Direção dos Recursos Hídricos, 2013

As amostras de água recolhidas na zona de captação superior apresentam valores elevados de turvação. Os valores de pH e CE das amostras testadas em laboratório, RS 4 e RS 5, mostram um valor baixo de CE e o pH é também inferior a 6,5 nessas amostras.

Gráfico 5.18: Condutividade eléctrica e pH

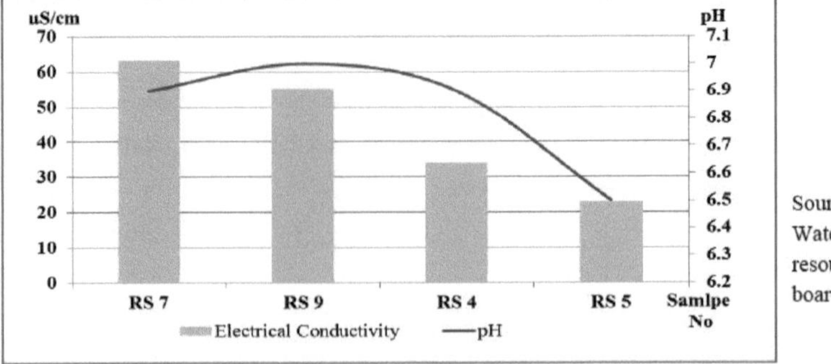

Source: Water resource board, 2013

Os valores de Cloreto e Cálcio são inferiores aos padrões SL. A dureza total, o ferro e o fosfato

também foram testados e não há danos porque os valores estão abaixo dos padrões de água potável da SL (tabela 5.3).

Tabela 5.3: Variação dos parâmetros químicos - Rio

Nome	Cloreto	Fluoreto	Total Posfato	Total de residentes	Dureza total	Cálcio	Ferro
RS 7	17	Menos de 0,2	Menos de 0,01	42	28	10	Menos de 0,02
RS 9	7	Menos de 0,2	Menos de 0,01	37	16	5	Menos de 0,02
RS 4	8	Menos de 0,2	Menos de 0,01	23	24	8	Menos de 0,02
RS 5	7	Menos de 0,2	Menos de 0,01	15	24	8	Menos de 0,02

Fonte: Direção dos Recursos Hídricos, 2013

Figura 5.6: Localização selecionada do rio

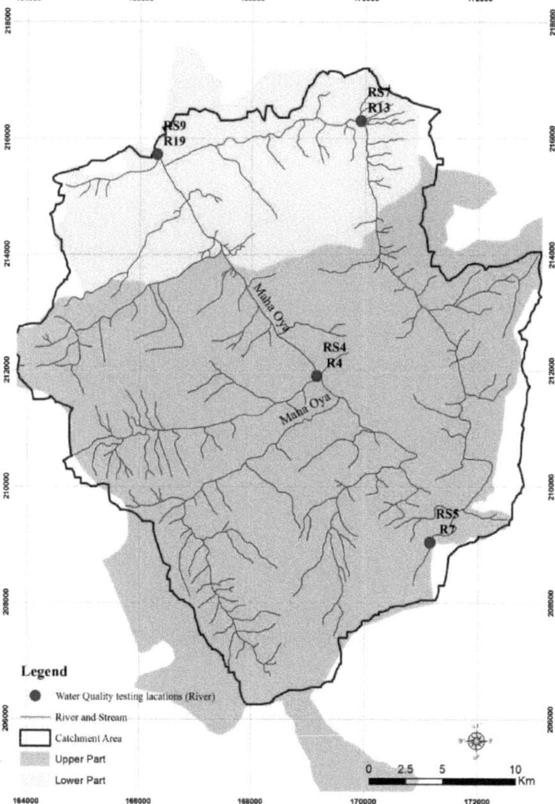

Fonte: Departamento de Inquéritos e Cartografia, 2001; Sistema de Informação Geográfica, 2013

Capítulo 6

Maha Oya e a poluição da água

6.1. Principais problemas e importância da parte superior do rio

Os principais problemas na parte superior da bacia hidrográfica que causam pressão sobre o Maha Oya são a erosão do solo, as povoações não planeadas, a agricultura, a descarga direta de efluentes de fábricas e resíduos urbanos no rio e os impactos negativos da captação de água para projectos mini-hídricos. Esta pressão colectiva resulta em impactos complexos na bacia hidrográfica e nos recursos hídricos.

6.1.1. Regime de abastecimento de água

As pessoas que vivem junto ao Maha Oya utilizam a água do rio para as suas necessidades primárias. Fornece água para tanques de abastecimento, centrais hidroeléctricas e para outras necessidades de água. Foram encontrados quatro tanques de abastecimento de água em Arama, Rahala, Hemmathagama e perto da queda de água de Asupini ella (Figura 6.1). Na parte superior da bacia hidrográfica, foram também encontrados dois esquemas de abastecimento de água, designados por tanque do Estado e tanque de água na Figura 6.1.

Figura 6.1: Localização do sistema de abastecimento de água

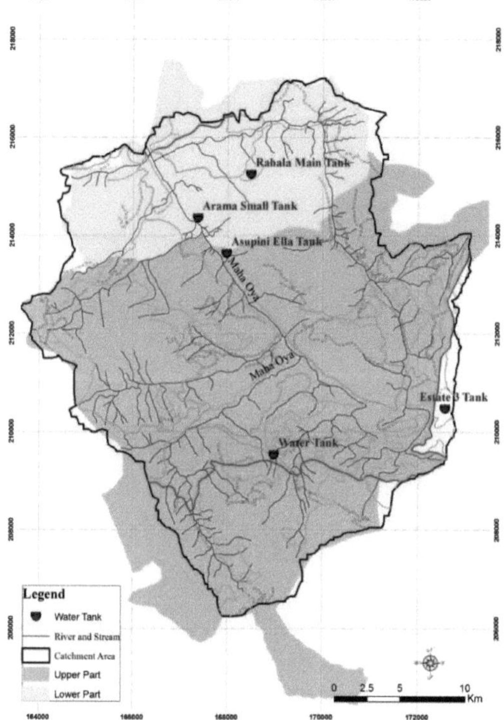

Fonte: Departamento de Inquéritos e Cartografia, 2001; Sistema de Informação Geográfica, 2013

O tanque de armazenamento de água de Arama tem um sistema de filtragem de granito. No fundo do tanque havia uma base de granito de 1,5 m x 1,5 m de profundidade, com mais duas camadas de granito de 1,5 m x 1,5 m e de 1,5 m x 1,5 m e, por cima destas camadas de granito, uma camada de 1,5 m de lascas de granito. Uma vez em cada 24 horas, o cloro é misturado numa proporção de 1 ^ kg de cloro para 40 litros de água. Os valores do tanque de Arama eram semelhantes aos do tanque de Rahala.

Photo 6.1

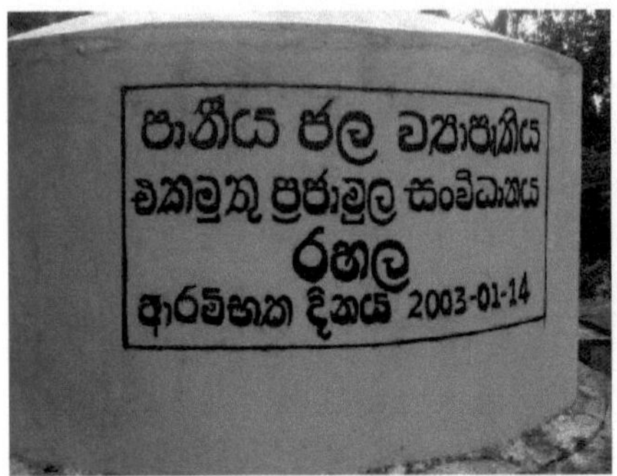

Photo 6.2

Photo 6.3

Photo 6.4

Fonte: Dados de observação no terreno, 2013

Foto 6.1 - Esquema de abastecimento de água - Rahala

Foto 6.2 - Esquema de abastecimento de água - Rahala

Foto 6.3 - Tanques de armazenamento de água - Rahala

Foto 6.4 - Barril de mistura de cloro no tanque Rahala

Uma vez em cada 24 horas, o cloro é misturado numa proporção de 1 ½ kg de cloro para 40 litros de água. Os valores do tanque de Arama eram semelhantes aos do tanque de Rahala.

O tanque de Hemmathagama era mantido pelo National Water Supply and Drainage Board e os métodos de filtragem da água não eram satisfatórios. Foi descoberto, permitindo a introdução de elementos no tanque que tornariam a água imprópria para utilização, e qualquer pessoa pode misturar qualquer coisa no tanque de água. Não é seguro para as pessoas e para os outros.

Photo 6.5

Photo 6.6

Photo 6.7

Photo 6.8

Fonte: Dados de observação no terreno, 2013

Foto 6.5 - Esquema de abastecimento de água - Hemmathagama

Foto 6.6 - Esquema de abastecimento de água - Hemmathagama

Foto 6.7 - Barril de mistura de cloro no tanque Rahala

Foto 6.8 - Teste de qualidade da água - tanque de água de Hemmathagama

Foto 6.9: Tanque de Arama

Fonte: Dados de observação no terreno, 2013

Existem cinco projectos de abastecimento de água, três dos quais se situam na zona de captação inferior e dois na zona superior. Não existe qualquer método de purificação da água nos projectos de abastecimento de água na parte superior. A água é enchida nos tanques por tubagens que estão ligadas a pequenos afluentes.

Foto 6.10: Recolha de água através de tubos

Fonte: Dados de observação no terreno, 2013

Photo 6.11: Water storage tanks

Source: Field observation data, 2013

Photo 6.12: Water supply tanks

Source: Field observation data, 2013

As pessoas que vivem nas plantações de chá bebem água misturada com ferrugem. A comunidade salienta que a doença renal estava a alastrar na zona porque os produtos químicos, como o ferro e o fosfato, estavam a ser depositados nos rins.

Na zona de captação superior, a maioria das pessoas vive nas aldeias de Rakshawa e Udahenthanna.

6.1.2. Rio e população

A maioria das pessoas vive perto do ribeiro e do rio. Por exemplo, as divisões GN de Udahenthenna e Miyanagolla não dispõem de instalações sanitárias, como casas de banho, e descarregam os esgotos diretamente no rio. Nestas zonas agrícolas, a densidade populacional é elevada (Divisão GN de Rakshawa - população total 2369) e, consequentemente, a poluição bacteriana é comum nas latrinas de fossa. Isto também cria problemas de saúde para as pessoas a jusante que utilizam a água do rio (Figura 6.2).

A maior parte das famílias destas aldeias vive ao longo dos afluentes. As suas casas foram construídas perto do rio. A Figura 6.3 indica a distribuição das povoações ao longo do rio.

Desde tempos remotos que as pessoas viviam perto dos rios. Mas o ambiente natural não era perturbado por elas. Os seres humanos da era moderna não têm qualquer sentido de proteção do ambiente. Quando satisfazem as suas necessidades, não têm qualquer consideração pelos recursos. Os resíduos descarregados das casas e das fábricas são lançados nos rios e ribeiros (Foto 6.13, Foto 14). Por este motivo, os afluentes das zonas de captação superiores estão poluídos.

Figure 6.2: Population map of Project area

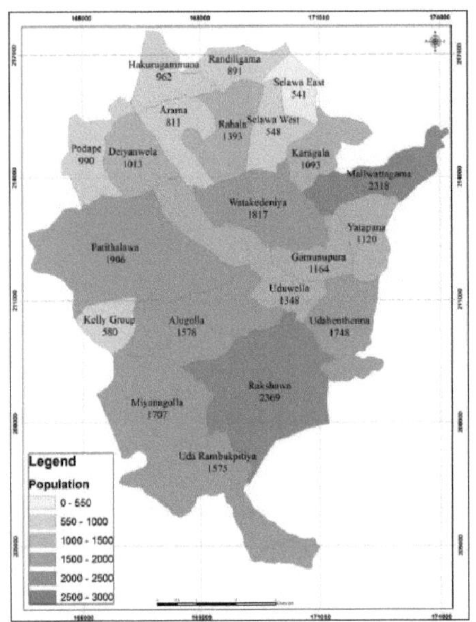

Figure 6.3: Settlements distribution of Study area

Fonte: Departamento de Inquéritos e Cartografia, 2001

Sistema de Informação Geográfica, 2013

Foto 6.13: Descarga de águas residuais

Fonte: Dados da observação no terreno, 2013

Foto 6:14: Poluição da água no rio

Fonte: Dados da observação no terreno, 2013

Para além da descarga de resíduos das casas, a água é poluída pelas actividades diárias dos seres humanos. Tomar banho e lavar roupa é um exemplo que faz com que a água salgada se misture com a água doce. Os produtos químicos presentes no sabão poluem a água.

Foto 6.15: Utilização do rio pelas pessoas

Fonte: Dados da observação no terreno, 2013

A borracha é cultivada como uma atividade económica menor nas áreas de Aranayake e Podape e descarrega produtos químicos no rio. A fotografia 6.16 mostra um fabricante de folhas de borracha a lavar o seu produto no rio.

Foto 6.16: Lavagem de produtos de borracha

Fonte: Dados da observação no terreno, 2013

Como já foi referido, o Maha Oya está poluído desde o seu local de origem.

Na área de estudo, a extração de areia é feita. As pessoas extraem areia de onde quer que a consigam obter. A maior parte das vezes, trata-se de uma atividade ilegal. Há vários locais na área de Aranayake e Rahala onde a extração de areia é feita.

Foto 6.17: Locais de extração de areia (1)

Fonte: Dados de observação no terreno, 2013

Foto 6.17: Locais de extração de areia (2)

Fonte: Dados de observação no terreno, 2013

As fotografias 6.16 e 6.17 mostram um local de extração de areia situado perto da estrada principal.

Como todos os rios, o Maha Oya também corre em forma de "V" na zona superior (Foto 6.18, 6.19), Dolosbage. Isto diminui a recolha de areia no leito do rio, que corre muito depressa no início, e a extração de areia é efectuada perto das pontes, onde o rio corre muito lentamente.

Foto 6.18: Local de extração de areia na parte superior da bacia hidrográfica

Fonte: Dados de observação no terreno, 2013

Devido à extração de areia em vales estreitos, as águas subterrâneas diminuem. Para além disso, quando a areia que flui com a água do rio diminui, isso leva à intrusão de água do mar. Foto 6.19: Extração de areia num afluente em forma de "V

Fonte: Dados de observação no terreno, 2013

O chá é a principal atividade económica das pessoas que vivem na zona alta. As fábricas de chá também estão localizadas nas propriedades de chá.

A maioria das pessoas que trabalham nas plantações de chá em grande escala são Tamil. As plantações de chá são o seu local de residência. As povoações que dispõem de instalações sanitárias mínimas utilizam o ar livre perto do rio para defecar. De acordo com as estatísticas demográficas de 2013, 54 famílias foram encontradas nas divisões de Miyanagolla GN sem instalações sanitárias.

Para além das fábricas de chá, existem algumas explorações de aves ao longo do vale do rio. As descargas de resíduos destas explorações fluem para o rio.

Foto 14: Fábricas do vale do rio

Fonte: Dados de observação no terreno, 2013

Figura 6.4: Localização espacial das fábricas de chá e das propriedades de chá

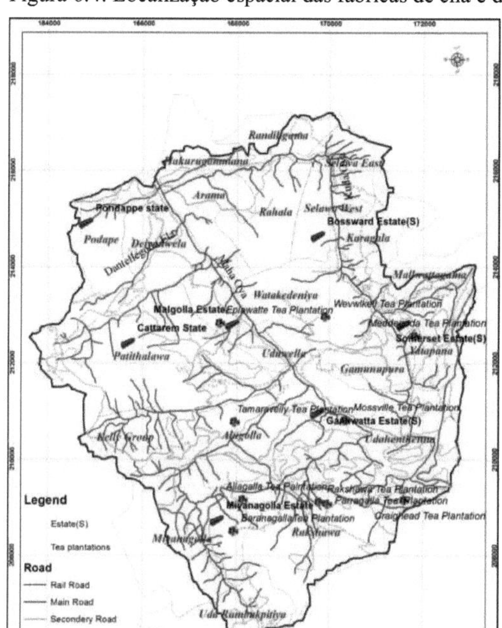

Fonte: Departamento de Inquéritos e Cartografia, 2001

Sistema de Informação Geográfica, 2013

A relação a longo prazo entre Maha Oya e as pessoas que vivem à sua volta e a poluição da água do rio pode ser vista desta forma.

Conclusão

A bacia superior de Maha oya é utilizada para diferentes fins, como a agricultura, o abastecimento de água, a remoção de águas residuais, a produção, a conservação e as fábricas. As massas de água na bacia hidrográfica de Maha oya estão ligadas entre si, o que significa que estas actividades, isoladamente ou em combinação, podem afetar a qualidade e a quantidade de água nas partes inferiores da bacia hidrográfica de Maha oya. Os impactos no meio hídrico incluem mudanças na quantidade de água disponível (alterando os níveis dos rios e o risco de inundações a jusante), mudanças físicas na forma do rio, mudanças biológicas através da introdução ou remoção de espécies específicas ou mudanças na qualidade da água a partir de fontes pontuais (como o escoamento de uma estação de tratamento de águas residuais) ou fontes difusas (como o escoamento de fábricas ou terras agrícolas). Globalmente, os impactos destas actividades podem também alterar a capacidade das águas de captação para proporcionar benefícios mais vastos à sociedade, como o abastecimento de água potável, a proteção contra inundações e oportunidades de lazer (conhecidos coletivamente como "serviços ecossistémicos").

A disponibilidade de um modelo digital de elevação para a bacia de Maha oya constitui um primeiro passo importante na investigação da distribuição da água e na identificação da bacia hidrográfica. O modelo digital de elevação baseado em SIG permite ao utilizador investigar rapidamente o impacto de diferentes cenários de utilização do solo e de distribuição da água num padrão de drenagem dentro de uma bacia hidrográfica. Este estudo incluiu a avaliação do padrão de drenagem de um método relativamente simples de avaliação rápida de cacheiras com base em SIG, utilizando dados recentemente adquiridos para a bacia hidrográfica de Maha oya (dados do IWMI).

O estudo de investigação revelou que o contexto socioeconómico das pessoas que vivem na zona de captação superior tem uma relação positiva com o ambiente. As instalações sanitárias em Aranayaka eram mais satisfatórias do que na divisão de Ganga Ihala Korale. Existem algumas famílias sem latrinas na zona inferior, mas na zona superior as instalações sanitárias são muito reduzidas. Dos 5356 agregados familiares da zona superior, 177 não dispõem de instalações sanitárias adequadas. A falta de instalações sanitárias pode afetar a qualidade da água a jusante de Maha oya, especialmente através da poluição bacteriana, E-coli e contaminação por coniformes. A qualidade da água não foi testada no que diz respeito à poluição bacteriana durante o período estudado devido à falta de precipitação fiável na bacia superior.

As águas residuais da zona de Ganga Ihala Korale são descarregadas diretamente no rio. Nestas zonas agrícolas, a densidade populacional é elevada (Rakshawa GN Division-Total population 2369),

e, consequentemente, a poluição bacteriana é comum nas fossas das latrinas. Isto pode criar problemas de saúde para as pessoas a jusante que utilizam a água do rio. Além disso, existem fábricas e indústrias que libertam poluentes para o rio. Miyanagolla Estate, Bossward Estate, Podape Estate, Ganawattha Estate são algumas das propriedades de chá. Muitas fábricas não dispõem de estações de tratamento de águas residuais. Por conseguinte, a poluição por pesticidas e nutrientes acumula-se nos recursos hídricos da bacia hidrográfica superior. Nesta bacia hidrográfica, existem quatro tanques de água para onde a água flui, é armazenada e depois distribuída. No processo de purificação da água do rio, não havia instalações para remover o óleo e outros produtos químicos da água. Este facto cria graves problemas de saúde para as pessoas que utilizam a água do rio para beber e para outros fins domésticos. Apenas existia um sistema de filtragem de granito e cloro, o que não é suficiente para a água potável.

A comunidade da zona de Ganga Ihala Korale satisfaz as suas necessidades básicas de água, que obtém da água de nascente ou das massas de água locais. Recolhem a água em tanques ou por canalização diretamente para as suas casas. As pessoas que vivem na zona inferior da bacia hidrográfica satisfazem as suas necessidades básicas de água recorrendo a sistemas comunitários de abastecimento de água geridos pelas autoridades locais. O Conselho de Abastecimento de Água e Drenagem mantém a qualidade da água nos tanques de abastecimento de água de Hemmathagama, Arama e Rahala, no âmbito de projectos de água comunitários. Os valores de pH nestes três tanques eram de cerca de 7 e os valores de CE eram da ordem dos 30 (μs). Não foi encontrada salinidade nestes tanques e os dados mostram 24^0 C como valor de temperatura. Nestes tanques de armazenamento de água, existe um sistema de filtragem de granito. No fundo do tanque há uma base de granito de 1 pé de profundidade de 6' x 6', com mais duas camadas de 1 pé de granito de 4' x 4' e 1 pé de granito de 2'x 2' e mesmo em cima destas camadas de granito havia uma camada de 1 ½ pé de lascas de granito.

Os recursos de água subterrânea na área de estudo foram utilizados pela população para fins domésticos e de consumo. Durante o período de estudo, os valores de pH dos poços escavados na zona de Ganga Ihala Korale situavam-se entre 4 e 5,5 e os valores na zona de Aranayake situavam-se entre 5,5 e 7. Os valores de pH dos poços escavados nas zonas de Rahala, Arama, Randiligama, Salawa Este e Oeste eram inferiores às normas da OMS e da SL. Não há salinidade nos poços escavados em ambas as zonas. A temperatura também varia entre 24° C e 28° C. Os valores de CE em Deiyanwela e Hakurugammana indicam até 217 μs. Na zona de Rahala, os níveis de pH apresentam valores mais baixos. A água dos poços na área de estudo é aceitável para fins de consumo no que diz respeito a alguns iões, de acordo com as concentrações medidas. No entanto, em todos os locais medidos, as concentrações químicas não excederam os níveis recomendados de qualidade da água dados pela OMS. Este facto requer uma investigação mais aprofundada para que se possa fazer qualquer recomendação para consumo a longo prazo.

Em todos os 15 locais de amostragem de águas superficiais (rio), o pH varia de 6 a 8. A CE varia de 17 μs (R07) a 70 μs (R16). Não existe um nível considerável de salinidade no rio e a temperatura apresenta valores de 20^0 C - 27^0 C.

O estudo de campo identificou três mini-hídricas pertencentes e exploradas pelo sector privado nas zonas a montante. Observa-se que alguns sistemas podem armazenar toda a descarga do rio para a produção de energia, o que deixa o canal do rio imediatamente a jusante sem caudal de base. Este facto cria carências de água localizadas e aumenta o potencial de conflitos locais sobre a água. A bacia hidrográfica superior do rio Ma

Oya é caracterizada por encostas montanhosas íngremes. A primeira grande queda de água do rio, Asupiniella, situa-se na parte superior da área da Secretaria Divisional de Aranayake, no distrito de Kegalle, e é uma das principais atracções turísticas da região. Os impactos ambientais do projeto mini-hídrico podem ser resumidos da seguinte forma,

1. Sedimentação da albufeira e deterioração da qualidade da água
2. Alteração do fluxo de água subterrânea
3. Danos à flora devido à limpeza da via pública
4. Perda de habitat de peixes e de outra flora e fauna aquáticas
5. Diminuição da capacidade de diluição da corrente
6. Depleção da recarga das águas subterrâneas quando o desvio é retirado do fluxo de efluentes
7. Alteração da temperatura da água

A bacia hidrográfica da bacia de Maha oya que utiliza água de abastecimento público A análise da bacia hidrográfica através desta abordagem é importante para equilibrar as formas como diferentes pessoas utilizam a bacia hidrográfica a longo prazo, proporcionando múltiplos benefícios aos utilizadores da bacia e criando um ambiente hídrico saudável.

Referências

Abeywickrama N, Lanka Jalani e IWMI .2002. basin level dialoge Sri Lanka.paper for the International water conference Hanoi,Vietnam October 14-16 2002 [pdf] disponível em < http://www.bvsde.paho.org/bvsacd/dialogo/abey.pdf >

Panabokke, C.R.; Perera, A.P.G.R.L. (2005). *GROUNDWATER RESOURCES OF SRI LANKA,* Conselho de Recursos Hídricos, Sri Lanka.

Water Matters News of IWMI Reserch in Sri Lanka, Issue 5, April 2010. www.boblme.orgdocumentRepositoryNat Sri Lanka.pdf

www.climateadaptation.lkattachments1312213698853Booklet_Sand%20Mininig%20in%20 Maha%20Oya.pdf

www.gwp.orgGlobalAbout%20GWPAnnual%20ReportsGWP em ação 20052.pdf

www .iitr.ac.indepartmentsAHuploadsFilestandards1_10-GL_for_EIA_for_SHP_Proj ects.pdf www.parchive.riversymposium.comindex.phpelement=PIYADASA.pdf www.pceylonteainfo.comceylon tea diretory.pdf

www.pgeoinformatics.sut.ac.thsutstudentGISpresent2005-1Non-point.pdf
www.plankajalani.orgdocsjanjune.pdf

www.rrcap.ait.asiapubsoesrilanka_water.pdf
www.samsamwater.comlibraryUnderstanding_hydrological_processes_in_an_ungauged_catc hment.pdf

www.sjp.ac.lkjournaljtfesympo2010pp%2085-92.pdf
www.sssi.org.auuserfilesdocsQLD%20Regiondocuments_1348187160176505330 9.pdf

Printed by Books on Demand GmbH, Norderstedt / Germany